国家出版基金项目
NATIONAL PUBLICATION FOUNDATION

[青少年太空探索科普丛书·第2辑]

SCIENCE SERIES IN SPACE EXPLORATION FOR TEENAGERS

太 空 探 索 再 出 发 引 领 读 者 畅 游 浩 瀚 宇 宙

星际航行

焦维新 ○ 著

辽宁人民出版社 | 辽宁电子出版社

© 焦维新　2021

图书在版编目（CIP）数据

星际航行 / 焦维新著 . — 沈阳：辽宁人民出版社，
2021.6（2022.1 重印）
（青少年太空探索科普丛书 . 第 2 辑）
ISBN 978-7-205-10199-2

Ⅰ . ①星… Ⅱ . ①焦… Ⅲ . ①星际飞行—青少年读物
Ⅳ . ① V529.1–49

中国版本图书馆 CIP 数据核字（2021）第 093499 号

出　　　版：辽宁人民出版社　辽宁电子出版社
发　　　行：辽宁人民出版社
　　　　　　地址：沈阳市和平区十一纬路 25 号　邮编：110003
　　　　　　电话：024–23284321（邮　购）　024–23284324（发行部）
　　　　　　传真：024–23284191（发行部）　024–23284304（办公室）
　　　　　　http://www.lnpph.com.cn
印　　　刷：北京长宁印刷有限公司天津分公司
幅面尺寸：185mm×260mm
印　　　张：10
字　　　数：157 千字
出版时间：2021 年 6 月第 1 版
印刷时间：2022 年 1 月第 2 次印刷
责任编辑：娄　瓴
特约编辑：刘臣君
装帧设计：丁末末
责任校对：郑　佳
书　　　号：ISBN 978-7-205-10199-2

定　　　价：59.80 元

前言
PREFACE
—

　　2015 年，知识产权出版社出版了我所著的《青少年太空探索科普丛书》（第 1 辑），这套书受到了读者的好评。为满足读者的需要，出版社多次加印。其中《月球文化与月球探测》荣获科技部全国优秀科普作品奖；《揭开金星神秘的面纱》荣获第四届"中国科普作家协会优秀科普作品银奖"；《北斗卫星导航系统》入选中共中央宣传部主办、中国国家博物馆承办的"书影中的 70 年——新中国图书版本展"。从出版发行量和获奖的情况看，这套丛书是得到社会认可的，这也激励我进一步充实内容，描述更广阔的太空。因此，不久就开始酝酿写作第 2 辑。

　　在创作《青少年太空探索科普丛书》（第 2 辑）时，我遵循这三个原则：原创性、科学性与可读性。

　　当前，社会上呈现的科普书数量不断增加，作为一名学者，怎样在所著的科普书中显示出自己的特点？我觉得最重要的一条是要突出原创性，写出来的书无论是选材、形式和语言，都要有自己的风格。如在《话说小行星》中，将多种图片加工组合，使读者对小行星的类型和特点有清晰的认识；在《水星奥秘 100 问》中，对大多数图片进行了艺术加工，使乏味的陨石坑等地貌特征变得生动有趣；在关于战争题材的书中，则从大量信息中梳理出一条条线索，使读者清晰地了解太空战和信息战是由哪些方面构成的，美国在太空战和信息战方面做了哪些准备，这样就使读者对这两种形式战争的来龙去脉有了清楚的了解。

　　教书育人是教师的根本任务，科学性和严谨性是对教师的基本要求。如果拿不严谨的知识去教育学生，那是误人子弟。学校教育是这样，搞科普宣传也

是这样。因此，对于所有的知识点，我都以学术期刊和官方网站为依据。

图书的可读性涉及该书阅读和欣赏的价值以及内容吸引人的程度。可读性高的科普书，应具备内容丰富、语言生动、图文并茂、引人入胜等特点；虽没有小说动人的情节，但有使人渴望了解的知识；虽没有章回小说的悬念，但有吸引读者深入了解后续知识的感染力。要达到上述要求，就需要在选材上下功夫，在语言上下功夫，在图文匹配上下功夫。具体来说做了以下努力。

1. 书中含有大量高清晰度图片，许多图片经过自己用专业绘图软件进行处理，艺术质量高，增强了丛书的感染力和可读性。

2. 为了增加趣味性，在一些书的图片下加了作者创作的科普诗，可加深读者对图片内涵的理解。

3. 在文字方面，每册书有自己的风格，如《话说小行星》和《水星奥秘100问》的标题采用七言诗的形式，读者一看目录便有一种新鲜感。

4. 科学与艺术相结合。水星上的一些特征结构以各国的艺术家命名。在介绍这些特殊结构时也简单地介绍了该艺术家，并在相应的图片旁附上艺术家的照片或代表作。

5. 为了增加趣味性，在《冥王星的故事》一书中，设置专门章节，数字化冥王星，如十大发现、十件酷事、十佳图片、四十个趣事。

6. 人类探索太空的路从来都不是一帆风顺的，有成就，也有挫折。本丛书既谈成就，也正视失误，告诉读者成就来之不易，在看到今天的成就时，不要忘记为此付出牺牲的人们。如在《星际航行》的运载火箭部分，专门加入了"运载火箭爆炸事故"一节。

十本书的文字都是经过我的夫人刘月兰副研究馆员仔细推敲的，这个工作量相当大，夫人可以说是本书的共同作者。

在全套书内容的选择上，主要考虑的是在第1辑中没有包括的一些太阳系天体，而这些天体有些是人类的航天器刚刚探测过的，有许多新发现，如冥王星和水星。有些是我国正计划要开展探测的，如小行星和彗星。还有一些是太阳系富含水的天体，这是许多人不甚了解的。第二方面的考虑是航天技术商业化的一个重要方向——太空旅游。随着人们生活水平的提高，旅游已经成为日常生活必不可少的活动。神奇的太空能否成为旅游目的地，这是人们比较关心

的问题。由于太空游费用昂贵，目前只有少数人能够圆梦，但通过阅读本书，人们可以学到许多太空知识，了解太空旅游的发展方向。另外，太空旅游的方式也比较多，费用相差也比较大，人们可以根据自己的经济实力，选择适合自己的方式。第三方面，在国内外科幻电影的影响下，许多人开始关注星际航行的问题。不载人的行星际航行早已实现，人类的探测器什么时候能进行超光速飞行，进入恒星际空间，这个话题也开始引起人们的关注。《星际航行》就是满足这些读者的需要而撰写的。第四方面是直接与现代战争有关的题材，如太空战、信息战、现代战争与空间天气。现代战争是人们比较关心的话题，但目前在我国的图书市场上，译著和专著较多，很少看到图文并茂的科普书。这三本书则是为了满足军迷们的需要，阅读了美国军方的大量文件后书写完成。

《青少年太空探索科普丛书》（第 2 辑）的内容广泛，涉及多个学科。限于作者的学识，书中难免出现不当之处，希望读者提出批评指正。

本套图书获得国家出版基金资助。在立项申请时，中国空间科学学会理事长吴季研究员、北京大学地球与空间科学学院空间物理与应用技术研究所所长宗秋刚教授为此书写了推荐信。再次向两位专家表示衷心的感谢。

焦维新

2020 年 10 月

目录

导言

星际航行令人盼，谁知目标有多远。

途中经历哪些事，可知飞行有多难？

星际航行是行星际航行和恒星际航行的统称。行星际航行是指太阳系内的航行，恒星际航行是指太阳系以外的恒星际空间的飞行。不载人行星际航行已经实现，而恒星际航行尚处于探索阶段。

我们的"星辰大海"有多远？

已知太阳系外层矮行星（冥王星）的轨道半径为 60 亿千米，而离地球最近的恒星（比邻星）与地球相距 4.22 光年，约合 40 万亿千米，其他恒星和星系的距离则更远。

截至 2013 年，对宇宙年龄最精确的估计是（137.98±0.37）亿年。由于宇宙的膨胀，可观测宇宙的半径并不是固定的 138 亿光年，人类所观测的古老天体当前的距离比起其原先的位置要遥远得多，现在推测可观测宇宙半径约为 465 亿光年，直径约为 930 亿光年。根据宇宙学原理，从任何方向到可观测宇宙边缘的距离大致是相等的。

▲ 可观测的宇宙

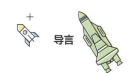

宇宙之大不一般，
千亿光年是其宽。
万亿星系里面住，
太阳只是一个点。

▲ 虫洞旅行

我们的飞船有多快？

用现在火箭技术所能达到的速度（20千米/秒）可以飞出太阳系，但不能实现恒星际航行。因为以这个速度航行到最近的恒星（比邻星）约需65000年。航天器只有达到接近光速的速度，恒星际航行才有实际意义。

现阶段航天中使用的化学火箭发动机、核火箭发动机和电火箭发动机的喷气速度只有光速的几万分之一。设想中的有可能用于未来恒星际航行的推进系统有

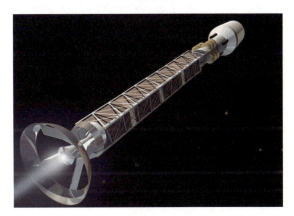

▲ 反物质火箭

核聚变发动机、星际冲压式发动机、反物质火箭发动机。另外，根据爱因斯坦的广义相对论，有些学者也提出了翘曲引擎和利用虫洞实现超光速飞行的猜想。如果人类能实现接近光速飞行，就有可能在人的寿命期限内完成一次往返遥远恒星天体的航行。

本书的旅程将从运载火箭开始，深入浅出地介绍与星际航行有关的基础知识，包括运载火箭基础、新型推进技术、载人飞船、行星际探测器以及行星际探测器的轨道，最后向读者介绍当前人们正在研究的可能实现超光速飞行的方法和手段。

第 1 章

运载火箭基础

为了摆脱地球引力,人类发明了火箭。从最早的"火龙出水"到实用火箭V-1、V-2,火箭这一承载着人类探索梦想的强大运输工具,经历了怎样的发展历史?它有哪些基本的构造?又有哪些值得注意的技术指标?本章为大家一一道来。

怎样脱离地球的引力束缚

　　大家知道，地球对位于地球表面的任何物体都施加一个引力，当我们扔一个球时，这个球"飞行"一段路程后就落到地面，扔球的力越大，球"飞行"得越远，但总是会落下来。那么究竟我们扔球的速度要达到多大，球才能不落下来而变成一颗卫星呢？

　　这个问题早已解决。要想使抛射出的物体环绕地球运动，这个物体的速度应达到 7.8 千米 / 秒，这个速度称为第一宇宙速度（first cosmic velocity）。

▲ 球的速度多大才能不落下来?

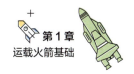

第一宇宙速度，又称为环绕速度，是指在地球上发射的物体绕地球飞行做圆周运动所需的最小初始速度。

由于地球表面存在稠密的大气层，航天器不可能贴近地球表面做圆周运动，必须在 150 千米的飞行高度上才能做圆周运动。在此高度的环绕速度为 7.8 千米 / 秒。

第二宇宙速度（second cosmic velocity），又称为地球的"脱离速度"或者"逃逸速度"，是指在地球上发射的物体摆脱地球引力束缚，飞离地球所需的最小初始速度。第二宇宙速度为 11.2 千米 / 秒。

第三宇宙速度（third cosmic velocity），是指在地球上发射的物体摆脱太阳引力束缚，飞出太阳系所需的最小初始速度。第三宇宙速度为 16.7 千米 / 秒。

要发射人造地球卫星或者脱离地球引力束缚到达其他天体，所需要的速度之大，只有用火箭才能达到。

 # 运载火箭的起源和发展

最早的火箭起源于中国。早在公元 227 年，诸葛亮攻郝昭就用到了"火箭"。1121 年，人们开始使用"震天雷"火炮；1132 年使用"飞火枪"；1161 年使用"霹雳炮"。明朝是火箭发展的重要时期，出现了"火龙出水"的装置。《武备志》描述："用猫竹五尺，……前用木雕成龙头，后雕成龙尾。……龙腹内装神机火箭数枚……龙头下，两边用斤半火箭筒两个……水战高水三四尺，燃火，即飞水面三里去远，如火龙出于江面。筒药将完，暗内火箭飞出……"这可能是最早的二级火箭。

▲ 明朝著名的火箭"火龙出水"（左）、"神火飞鸦"（右）

《武备志》记载的火箭还包括：五虎出穴箭（5 支齐射，可射 500 步）；七星箭；九龙箭；火弩流星箭（10 支）；长舌破阵箭（30 支，可射 200 步）；一窝蜂箭（32 支，可射 300 步）；群豹横奔箭（40 支，可射 400 步）；49 矢飞帘箭和百虎齐奔箭（100 支，可射 300 步）。明朝是我国火箭发展的鼎盛时期，在当时世界上已经处于领先地位。

在明朝还流传着"万户飞天"的故事，说的是明朝一位官员叫万户，为了实现飞天的梦想，在座椅的背后装上 47 支火箭，把自己绑在椅子的前边，两

▲ 万户飞天

只手各拿一个大风筝，然后让手下人同时点燃 47 支火箭飞上天空。为了赞扬万户飞天的勇敢举动，国际天文学联合会将月球背面一座山命名为"万户山"。

苏联的齐奥尔科夫斯基可以称得上是火箭理论的奠基人，1883 年在《外层空间》一书中阐述了火箭在宇宙空间飞行的原理；1885 年提出发射人造卫星的设想；1903 年提出宇航公式。他也被誉为"宇宙航行之父"。

1929 年，德国开始研究现代火箭；到 1934 年研制成功载重量为 500 千克的 A2 火箭；1942 年研制成功 V-1 火箭和 V-2 火箭。

在第二次世界大战末期，德国将 V-1 和 V-2 火箭用于实战。V-1 是一种地对地攻击的导弹，飞行距离约为 250 千米。V-2 是一种短程弹道导弹，也是世界上最早投入实战使用的弹道导弹，其目的在于从欧洲大陆直接准确地打击英国本土目标，射程超过 300 千米。

从 1944 年 6 月到 1945 年 3 月的短短 10 个月间，德军共发射了 15000枚 V-1 导弹与 3000 枚 V-2 导弹，共造成英国 31000 人丧生。

V 型弹道导弹的出现，拉开了新式作战的序幕，V-2 导弹的出现意味着各种新兴弹道导弹逐渐应用于战略、战术之中。

▲ 发射中的 V-2 火箭

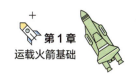
　　大战一结束，美苏双方都急着要掌握德国的火箭技术，但是按照雅尔塔密约，V-2 火箭生产工厂的主要所在地佩内明德划给了苏联托管。美国心有不甘，在美国政府的支持下，美军组成了一个突击队，下令紧急展开一项代号"回纹针"的任务，这是美国中央情报局把原德国科学家秘密引进到美国的一个行动。

　　1945 年 3 月 29 日，在黑森州的布罗姆斯基尔兴火车站，美国人获得了 10 枚完整的 V-2 火箭以及移动发射平台、推进剂和操作说明。这些 V-2 火箭于 3 天后被运往安特卫普的港口，之后运至美国，成为美国火箭科技的基础。

　　在 1945 年 5 月 22 日到 5 月 31 日的 10 天之内，美军挺进巴伐利亚区并占领当地，动用了 300 节火车车厢和 13 艘轮船，把近百枚的 V-2 火箭以及相关的一切设备和半成品抢运一空，苏军在 6 月 1 日抵达的时候，只看到一座座空荡荡的工厂。

　　美国不仅获得了许多 V-2 的半成品和制造设备，更可贵的是美国情报单位成功地说服了包括德国军方火箭计划负责人瓦尔特·多恩伯格中将、开发团队核心冯·布劳恩博士以及相关的 126 位研究团队成员前往美国，并分别安置在得州的福特布里斯的火箭研究小组以及新墨西哥新建的白沙导弹靶场。1945 年 9 月，冯·布劳恩抵达美国，时年 33 岁。自此以后，美国的火箭工业和太空发展扶摇直上。

运载火箭的类型

运载火箭按级数可分为单级火箭和多级火箭。

单级火箭具有局限性——根据宇航公式，因燃料喷气速度有限、质量比有限，所以单级火箭最终的最大速度有限，用单级火箭一般不能达到第一宇宙速度。

多级火箭有串联式（2、3、4级）、并联式（捆绑式）和串并联式。

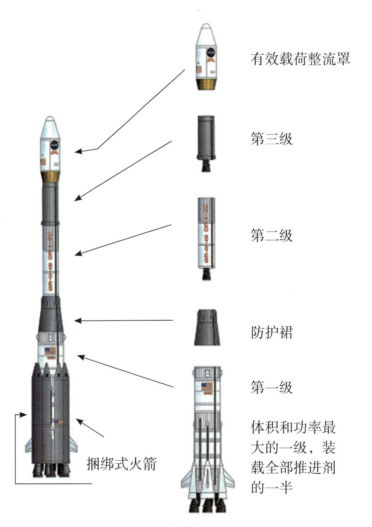

有效载荷整流罩

第三级

第二级

防护裙

捆绑式火箭

第一级

体积和功率最大的一级，装载全部推进剂的一半

▲ 多级火箭

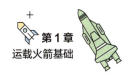
多级火箭的优点包括最终速度是各级能产生的速度的和；各级火箭独立工作，一级完成后就自动丢掉，可减小飞行质量；不同高度可采用不同形式的发动机，提高效率。但多级火箭也有明显的缺点：整个系统复杂，给操作带来麻烦；可靠性低。

按运载火箭使用的燃料分，可分为液体火箭和固体火箭。

 # 火箭发动机的基本构成

液体火箭发动机，是指采用液态的燃料和氧化剂作为能源和工质的火箭发动机。液体火箭发动机的基本组成包括推力室、推进剂供应系统和发动机控制系统等。液体推进剂贮存在推进剂贮箱内，当发动机工作时推进剂在推进剂供应系统的作用下按照要求的压力和流量输送至燃烧室，经雾化、蒸发、混合和燃烧生成高温高压燃气，再通过喷管加速至超声速排出，从而产生推力。

固体火箭发动机的燃料和氧化剂是以固体状态直接储存在火箭发动机里面。固体火箭使用的历史也相当的早，中国在宋朝使用的武器当中就有现代固体火箭的雏形。目前在中小型的火箭发动机中，固体火箭占据很大的比例。

固体火箭发动机的燃料是直接安装在火箭的后部，使用的时候利用点火器引发燃料燃烧，产生推力推送火箭。因为固体火箭燃料不需要额外的燃料槽，也不需要输送或加压的管线，在构造上，固体火箭发动机比液体火箭发动机要简单许多，重量也比较轻。

因为固体火箭发动机的燃料是固定的，燃料一旦开始作用，若是中断燃烧的过程，很难重新点燃，因此固体火箭发动机多半使用在推力需求较为固定，一经启动就不需要停止的设计上面。

固体火箭的优点是：结构简单，可靠性高，成本低，推进剂易储存，安全。其缺点是：推力比较小，发动机不能控制，一旦点火不能停止，不能重新启动。

运载火箭的技术指标

运载火箭的技术指标包括运载能力、入轨精度、火箭对不同重量的有效载荷的适应能力和可靠性；另一个重要指标是比冲（Specific Impulse）。

运载能力指火箭能送入预定轨道的有效载荷重量。有效载荷与轨道种类有关，因此在标明运载能力时要区别低轨道、太阳同步轨道、地球同步轨道、行星探测器轨道等情况。

比冲是对一个推进系统的燃烧效率的描述，其定义是：单位重量（力）流量的推进剂产生的推力，单位是秒。比冲取决于发动机的结构设计、工作参数和使用的推进剂。工作介质喷射流速度越大，比冲越高。液体火箭发动机的比冲在 250~500 秒之间。比冲越高代表效率越好，即可以用相同质量的燃料产生更多的动量。

⭐ **知识总结**

写一写你的收获

▲ 发射中的"土星五号"

第 2 章

典型的**运载火箭**

"能源号""土星5号"……这些赫赫有名的运载火箭，在载人航天、载人登月等重大工程中立下了汗马功劳。新时代，高速发展的中国火箭异军突起。本章为大家讲述了这些"火箭军团"的高光时刻，展示了它们令人称奇的绝技；同时也回顾了那些曾经发生的意外事故，人类的探索事业并非一帆风顺，伟大的探索精神正是在一次次坎坷中凝聚而成的。

 # 俄罗斯（苏联）的火箭

▶ RD-170 火箭发动机

RD-170 系列是人类有史以来威力最强的液体火箭发动机，是苏联动力机械科研生产联合体（NPO Energomash）为了"能源号"运载火箭设计生产的。

RD-170 火箭发动机的研制最早要追溯到 1973 年。当时 N1 运载火箭发射失败后，就打算研制大推力的发动机，提议研制的 RD-123 发动机，推力要达到 800 吨，RD-150 发动机的推力要达到 1500 吨。事实上 RD-123 和 RD-150 发动机均达不到要求，RD-123 发动机的推力只能达到 125 吨左右，设计中的 RD-150 发动机的推力最高只能达到 1003 吨。其次还有用于 UR-700 火箭的 RD-270 发动机，推力能达到 640 吨，当时在 1967 年到 1969 年进行了 27 次测试，但是测试中出现了问题，随后没有继续进行。

1974 年到 1980 年，对 4 燃烧室的大推力发动机进行了测试，起先的时候还不叫 RD-170，叫作 11D168，也叫作 UK（oxygen installations），是一种测试模型，是基于 20 世纪早期的 RD-268 发动机研发的。RD-268 发动机是一款 100 吨级的发动机，燃料为偏二甲肼和四氧化二氮。当时认为肼燃料和煤油燃料并没有很大区别，因此并没有特别要求使用煤油和液氧作为燃料，后来才改用煤油和液氧。1974 年，动力机械科研生产联合体对 UK 进行了 2 次测试，测试地点在莫斯科的东北方希姆基河（khimki river）旁边，测试的模型分别叫作 1UK 和 2UK，是一种 100 吨级的实验型的发动机。实验的项目包括化学点火、燃烧室的混合比、燃气发生器、高频状态下的稳定性、燃烧室的冷却和可重复使用的材料等。从 1974 年到 1977 年总共有 346 个测试模型被建造，总共燃烧了 19658 秒。

下一个模型的型号叫作 3UK，用于测试发动机的燃气发生器，它包含 1 台全尺寸的燃气发生器，2 台涡轮泵，1 个缩小版的燃烧室，可以模拟燃烧时的压力。燃气发生器的工作温度可以达到额定工作温度的 30%~80%。此项测试

从 1976 年 6 月开始，到 1978 年 9 月结束，总共有 77 个模型进行了 132 次测试，测试时间为 5193 秒。当时有 60 个混合头用于测试，其中 2 个完成了 RD-170 的测试要求。

▲ RD-170 火箭发动机

到 20 世纪 80 年代中期，期待已久的全尺寸的 RD-170 完成了点火测试。到 1987 年 5 月，总共有 148 台 RD-170 发动机进行了 473 次点火测试，总共点火测试 51845 秒。

1988 年 11 月 15 日，第一枚"能源号"运载火箭发射，此次发射相当成功。在两次发射后，苏联对 RD-170 火箭发动机的测试继续进行，主要是为了继续改进发动机，并在"暴风雪号"航天飞机上得到更好的应用，希望能在 1992 年时完成。同时，飞行生产联合体在鄂木斯克州的克鲁塔亚建立自己的测试台，从 1990 年 12 月 29 日开始，有 6 台 RD-170 火箭发动机进行了测试。据报道，此测试台在 1991 年 12 月 20 日左右发生了爆炸，有证据显示 RD-170 火箭发动机没有必要再进行进一步测试。当 1993 年"暴风雪号"太空航天飞机项目被取消后，已经有 14 台 RD-170 火箭发动机装在 A 组级的助推器上，并且存放在拜科努尔发射场的总装厂房中。1996 年到 1997 年，这些发动机被拆下后运回动力机械科研生产联合体的工厂并改装成 RD-171 发动机用于"海射天顶号"运载火箭。尽管 RD-170 火箭发动机只执行了 2 次"能源号"运载火箭任务，但是它的双胞胎 RD-171 使用得相当频繁。

▶ RD-180 火箭发动机

RD-180 是俄罗斯的一款双燃烧室双喷嘴的火箭发动机，由 RD-170 系列衍生而来。与 RD-170 相同，RD-180 也是共用涡轮泵。RD-180 以煤油和液氧为推进剂，使用高压分级燃烧循环。RD-180 继承了 RD-170 的富氧预燃室设计，使发动机效率更高。喷嘴的活动由四个液压缸支持。

RD-180 的使用权已被通用动力公司航天部门取得（后来易手给洛克希德·马丁），主要是 20 世纪 90 年代时用来开发改进型一次性运载火箭（EELV）和"阿特拉斯"运载火箭。考虑到这些火箭既要满足军用，又要用于商业发射，因此普惠公司也加入发动机合作项目。发动机的生产全部在俄罗斯进行，而负责出售的是发动机生产商动力机械科研生产联合体和普惠公司组成的合资公司。

▼ RD-180 火箭发动机

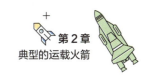

RD-180 首先被使用在"阿特拉斯 IIA-R"火箭上，也就是"阿特拉斯 IIA"加字母 R（R 代表俄罗斯，因为火箭采用了俄罗斯的主发动机）。这款火箭后来被命名为"阿特拉斯 3 号"。另有项目在研究是否可以将这款发动机用于"阿特拉斯 5 号"的公共助推核心。

▶ N1 运载火箭

N1 运载火箭是苏联研发的用来将苏联航天员送到月球的火箭。N1 就是俄语"运载器"的缩写。N1 运载火箭研发工作比"土星 5 号"晚，不仅资金短缺、未测试，而且四次发射试验都失败了，于是苏联在 1976 年正式取消了这项工程。

研制 N1 运载火箭的建议是由苏联著名火箭专家科罗廖夫于 1959 年提出来的，但直到 1961 年 6 月才得到小额研发经费。为了实现在美国人之前载人登月的目标，科罗廖夫后来又提出了研发大型 N1 运载火箭的想法，同时设计出新的登月飞船 L3。1964 年 8 月，科罗廖夫的方案被选定。1966 年，科罗廖夫死于一次外科手术并发症，他的工作由他的助手瓦西里·米申接管。

N1 运载火箭高 105 米，在高度、质量和有效负载上仅次于世界第一的"土星 5 号"。比起"土星 5 号"，N1 运载火箭虽然推力更大，但它只能将 95 吨的物体送入低地球轨道，而"土星 5 号"可以运送 118 吨物体。这是由于 N1 运载火箭全箭都以煤油做燃料，而美国对氢氧燃料的研究起步早，使得"土星 5 号"设计时选用了比较成熟的氢氧发动机，以此获得了较高的效率。

▶ N1 运载火箭

N1 运载火箭四次发射的情况：

1969 年 2 月 21 日：由于燃气发生器意外地高频振动，一处导管裂开，导致发动机失火。火势延伸到发动机控制系统，于是在飞行 68.7 秒后，发动机停车。火箭在 69 秒后在 12200 米高空爆炸。

1969 年 7 月 3 日：一颗松动螺柱被吸入燃料泵，导致控制系统停止了 30 台中的 29 台发动机，发动机停机 23 秒后火箭爆炸，炸毁了发射塔，成为火箭应用史上最大规模的爆炸。

1971 年 6 月 24 日：起飞后未正常转动，且超过了控制系统的可调范围，51 秒后火箭在 1 千米高空爆炸。

1972 年 11 月 23 日：40 千米高空处，其中一台发动机遭遇纵向耦合振动，其他发动机程序性停车，导致 4 号发动机爆炸。

导致 N1 运载火箭失败的原因主要有以下几方面：经费不足、实验时间短、结构复杂、助推器数量太多（30 个）、发射前弹体需重新组装而又没有充分测试，因此存在安全隐患。

美国的火箭

▶ "土星5号"运载火箭

"土星5号"超重型运载火箭（Saturn V）是仅次于苏联能源号运载火箭的推力第二大运载火箭。"土星5号"运载火箭是美国国家航空航天局在"阿波罗计划"和"天空实验室"两项太空计划中使用的运载火箭，是可载人的多级液态燃料火箭。

在1967年至1973年间共发射了13枚"土星5号"运载火箭，它们保持着完美的发射纪录。共有9枚"土星5号"运载火箭将载人的阿波罗号宇宙飞船送上月球轨道。"土星5号"运载火箭的生产线于1970年关闭。"土星5号"的最后一次发射是在1973年，这次发射将"天空实验室"空间站送入了近地轨道。继任者太空发射系统（SLS系统），号称史上最强运载火箭系统。

"土星5号"由马歇尔太空飞行中心总指挥沃纳·冯·布劳恩和阿瑟·鲁道夫以及他们的德国火箭团队担任设计研发，主要的承包商包括波音、北美航空、道格拉斯飞行器公司以及IBM。

▲ "土星5号"运载火箭

▲ "土星 5 号"运载火箭

▲ F-1 火箭发动机

"土星 5 号"使用了大推力的新型火箭发动机 F-1 和 J-2 作为推进设备。在测试时，这些发动机震碎了周围房屋的窗户。"土星 5 号"的巨大体积和容量远远超过了之前曾经成功飞行过的火箭。将阿波罗号飞船放置在其顶端后，其总高度达到 111 米，直径达 10 米。加满燃料以后，总重量达到 3000 吨，可以将 118 吨重的物体送到近地轨道。

F-1 火箭发动机是美国洛克达因公司设计制造的一款煤油液氧发动机，用于"土星 5 号"运载火箭的第一级。F-1 是投入使用过的推力最大的单喷嘴（单燃烧室）液体火箭发动机，也是仅次于俄罗斯 RD-170 的推力最大的液体引擎。

洛克达因最初设计 F-1 只是出于美国空军在 1955 年提出的制造超大型火箭发动机的要求。公司最后设计出两个版本，一个是 E-1，一个是更大的 F-1。E-1 虽然在静态点火试验中取得成功，但很快这款发动机被视为没有前途，而且因有更强大的 F-1 存在，E-1 计划被搁置了。然而，美国空军发现没有使用如此强大的发动机的必要，F-1 的研究计划也随之中止。刚刚成立的美国国家航空航天局看中了这款发动机，并与洛克达因签约，要求尽快完成研发。1957 年，发动机进行了局部试验，而整机的静态点火试验也在 1959 年 3 月取得成功。

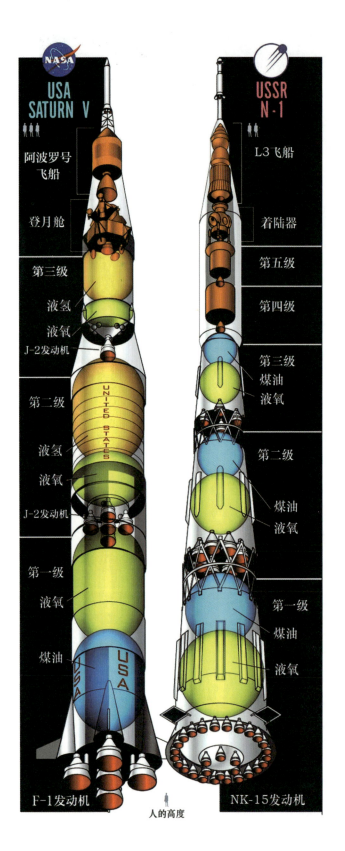

USA
SATURN V

阿波罗号
飞船

登月舱

第三级

液氢

液氧

J-2发动机

第二级

液氢

液氧

J-2发动机

第一级

液氧

煤油

F-1发动机

人的高度

USSR
N-1

L3飞船

着陆器

第五级

第四级

第三级
煤油
液氧

第二级

煤油
液氧

第一级
煤油

液氧

NK-15发动机

F-1 在随后七年的测试中,其燃烧的不稳定性逐渐暴露出来,并可能导致灾难性事故。攻克这个技术难题的工作最初进展十分缓慢,因为这种故障的发生是不可预知的。最终,工程师们想出了解决办法,他们将少量的爆轰炸药放在燃烧室中,并在发动机运转时引爆炸药,以此测试燃烧室在压力变化时将作何反应。设计师随后测试了几种不同的燃料喷射器,并得到了最佳匹配方案。这个问题从1959 年一直拖到1961 年才算告一段落。

除了一次例外,所有其他"土星5号"的发射都有三级: S-IC 一级、S-II 二级和 S-IVB 三级。每一级都使用液态氧作为氧化剂,第一级使用高精炼煤油作为燃料,其他两级使用液态氢作为燃料。

◄ "土星5号"运载火箭与N1 运载火箭比较

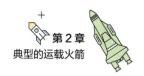

▶ 航天飞机

航天飞机（Space Shuttle）是一种载人往返于近地轨道和地面间的有人驾驶、可重复使用的运载工具。它既能像运载火箭那样垂直起飞，又能像飞机那样在返回大气层后在机场着陆。航天飞机由轨道器、外贮箱和固体助推器组成。航天飞机为人类自由进出太空提供了很好的工具，是航天史上的一个重要里程碑，最早由美国研发。著名的航天飞机有美国的"哥伦比亚号"、"挑战者号"、"发现号"、"亚特兰蒂斯号"和"奋进号"，以及苏联的"暴风雪号"。

航天飞机主发动机（Space Shuttle Main Engine，SSME，以下简称"主发动机"）是普惠公司的洛克达因分部为航天飞机设计的主发动机，在公司内部也称为 RS-25。主发动机是西方世界第一种实用化的阶段燃烧火箭发动机，也是目前世界最大的阶段燃烧液态氢氧发动机。

▼ 航天飞机发射

航天飞机固体助推器（Space Shuttle Solid Rocket Boosters，SRB）是为航天飞机在发射升空前两分钟内提供推力的一对固体火箭助推器，安装在航天飞机外贮箱两侧。每台助推器能产生 1.8 倍于 F-1 发动机的推力。被抛弃的航天飞机固体助推器溅落在大西洋上，被打捞后灌注推进剂重新使用，可重用数次。

▲ 航天飞机固体助推器

两台可重用的航天飞机固体助推器提供航天飞机离地时的主要推力，一直工作到约 45 千米高空。在发射台上，航天飞机固体助推器承担了外贮箱和轨道器的全部重量，并将之转移给移动发射台。发射时每台助推器产生约 1245 吨推力，随后迅速增加到 1379 吨推力。三台主发动机点火推力达到预设水平后，SRB 点火。航天飞机固体助推器分离 75 秒后到达 67 千米最高点，随后降落伞打开，溅落在离发射场 226 千米的海面上并得到回收。

航天飞机固体助推器是最大的固体燃料火箭，也是第一次采用可重用设计的固体火箭。助推器高 45 米，直径 3.7 米。

▶ 太空发射系统

太空发射系统（Space Launch System，SLS）是一种从航天飞机演变而来的运载火箭，由美国国家航空航天局设计，主要是为了取代已遭取消的飞船"星座计划"，并取代已经退役的航天飞机。

太空发射系统拥有空前的威力和能力，是唯一一种能够将"猎户座"、航天员和大型货物一次性送上月球的火箭。

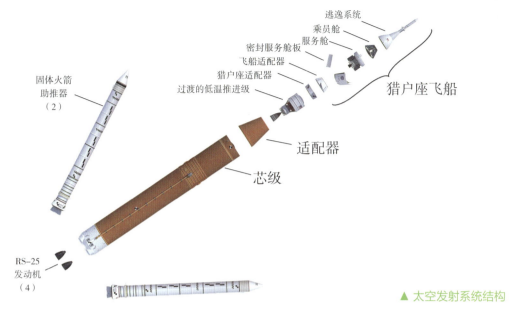

逃逸系统
乘员舱
密封服务舱板　服务舱
飞船适配器
猎户座适配器
过渡的低温推进级

固体火箭
助推器
（2）

猎户座飞船

适配器

芯级

RS-25
发动机
（4）

▲ 太空发射系统结构

太空发射系统有两种模块，即模块 1 和模块 2。两种模块的共同部分是芯级和固体助推火箭。模块 2 比模块 1 增加了上面级，由 4 台 RL10 发动机提供动力，完成太空发射系统上升阶段，然后重新点火，将其有效载荷发送到低地球轨道以外的目的地。

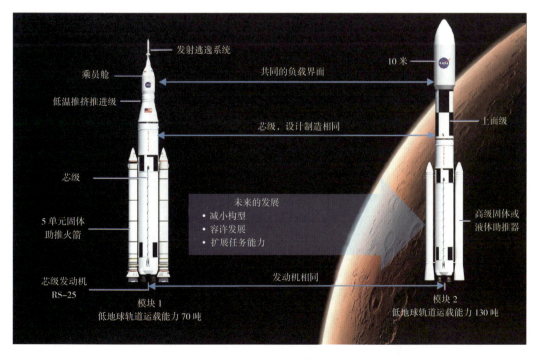

发射逃逸系统
乘员舱
低温推挤推进级
共同的负载界面
10 米
上面级
芯级，设计制造相同
芯级
未来的发展
· 减小构型
· 容许发展
· 扩展任务能力
高级固体或液体助推器
5 单元固体助推火箭
芯级发动机 RS-25
发动机相同

模块 1
低地球轨道运载能力 70 吨

模块 2
低地球轨道运载能力 130 吨

▲ 太空发射系统两种模块比较

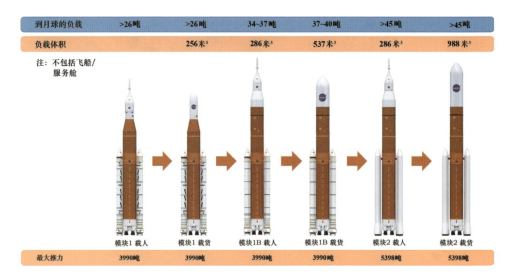

到月球的负载	>26吨	>26吨	34~37吨	37~40吨	>45吨	>45吨
负载体积		256米³	286米³	537米³	286米³	988米³
注：不包括飞船/服务舱						
	模块1 载人	模块1 载货	模块1B 载人	模块1B 载货	模块2 载人	模块2 载货
最大推力	3990吨	3990吨	3990吨	3990吨	5398吨	5398吨

▲ 两种模块参数比较

RL10 火箭发动机是美国研制的第一种液氢燃料火箭发动机，目前已经有多种版本，并用于多种运载器。

芯级由 4 台 RS-25 液氢液氧发动机组成。这种发动机单台重 2890 千克，比冲 452 秒。最大推力为 230 吨。

▲ RL10 火箭发动机

▲ RS-25 发动机准备测试

▲ RS-25 发动机

▲ 结构测试

▲ 点火测试

▲ 液氢存储箱测试

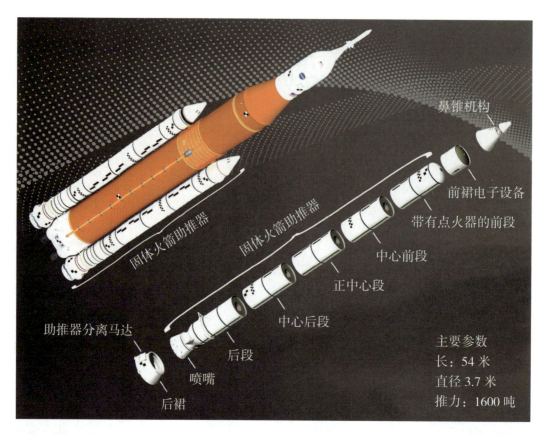

鼻锥机构

前裙电子设备

固体火箭助推器

固体火箭助推器

带有点火器的前段

中心前段

正中心段

中心后段

助推器分离马达

后段

喷嘴

后裙

主要参数
长：54 米
直径 3.7 米
推力：1600 吨

▲ 固体助推火箭

▲ 固体助推火箭在测试

太空发射系统的固体火箭发动机在航天飞机所用发动机的基础上增加了一段，这样由 4 段变为 5 段，推力为 1600 吨。

太空发射系统预计花费 180 亿美元开发，其中 100 亿美元用于空间发射系统本身，20 亿美元用于改建发射台及肯尼迪航天中心，60 亿美元用于"猎户座"载人舱组的研究、制作，2012 年至 2017 年间，每年编列 30 亿美元的预算。根据美国国家航空航天局的预算，从 2014 年到 2017 年首次试射前，建造测试版本的太空发射系统火箭需要投入约 70 亿美元。到 2019 年，经费投入达到 180 亿美元左右，而这笔资金还只是用于研发和设计，并不涵盖火箭的制造成本。

对于美国的太空发射系统的研制过程，许多人感到不可思议。早在 1969 年，美国就发射了低地球轨道 118 吨载荷的运载火箭，为什么到了 21 世纪，从 118 吨提高到 130 吨，却用了如此长的时间呢？

这里面有多重原因。第一，当年研制"土星 5 号"运载火箭时，处于冷战时期，美国与苏联开展太空竞赛，一切服从于政治需要，因而经费充足。然而现在情况发生了很大变化，每年美国国家航空航天局的经费有限，不可能把所有的经费用在一处。第二，美国的航天政策受总统更迭影响很大，一个总统一个政策，航天政策也是这样，因此必然影响大型项目的方案。例如，下个目标是重返月球，还是载人探测小行星和火星？第三，新形势下要引入新技术，特别是要保证技术的先进性和性能的可靠性，因此需要做大量的实验进行技术验证。

 # 中国的火箭

▶ 中国的液体火箭发动机

氢氧发动机：分别采用液氢和液氧作为燃料和氧化剂。

YF-73：真空推力 4.5 吨，真空比冲 425 秒，总工作时间 750 秒。1984 年首发，用于"长征 3 号"运载火箭第三级动力。

YF-75：真空推力 8 吨，真空比冲 438 秒。1994 年首发，用于"长征 3 号甲""长征 3 号乙"及"长征 3 号丙"运载火箭第三级动力。其改型 YF-75D 用于"长征 5 号"的第二级动力。

YF-77：真空推力约 70 吨，真空比冲约 430 秒，用于"长征 5 号"的芯一级动力。

中国推力最大的液氧/煤油发动机是 YF-100 火箭发动机，比冲 337 秒，最大推力 120 吨。

▶ "长征 5 号"运载火箭

芯一级使用 2 台 50 吨液氢/液氧发动机 YF-77；芯二级使用 2 台 8 吨级液氢/液氧发动机 YF-75；4 个助推器上使用了 8 台 120 吨液氧/煤油发动机 YF-100；总起飞推力为 900 多吨，低地球轨道运载能力为 25 吨。

"长征 5 号"的箭体结构分芯级和助推器两部分，由多个功能各异的部件和组件构成，包括有效载荷整流罩、有效载荷支架、仪器舱、级间段、液氧箱、液氢箱、煤油箱、箱间段、后过渡段、斜头锥、尾段和尾翼等。

贮箱结构材料选用 2219 铝合金，各级均采用独立贮箱。芯级 4 个贮箱除一子级液氧箱外均选用单一的硬壳式结构。

3.35 米直径模块继承原"长征"火箭芯级已有的 3.35 米直径技术，使用液氧和煤油推进剂，安装两台 120 吨级 YF-100 液氧/煤油发动机，再加上与

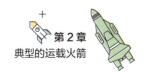

发动机配套的增压运输系统和伺服机构等。

助推器结构形式与"长征3号乙"运载火箭的箭体结构相似，助推器贮箱选用等边三角形网格加筋壳结构。助推器液氧贮箱采用了全搅拌摩擦焊技术。

助推器的头锥为斜锥体，由半球形端头和截锥壳体两部分组成，3.35米直径助推器头锥倾斜角度为15°，端头在飞行过程中要承受气动加热。截锥壳体采用桁梁式半硬壳薄壁结构，外表面蒙皮采用耐高温玻璃钢材料。

3.35米直径助推器发动机采用2台高压补燃循环方式的YF-100发动机并联；助推器的内侧发动机采用泵前摇摆方式，可单向摆动参与控制，发动机最大摆角8°。

YF-100靠外接能源的自身启动，简化了发动机系统。发动机启动时，首先打开液氧主阀，氧化剂在贮箱压力作用下进入燃气发生器。随后，打开发生器燃料阀，少量燃料在高压气体挤压下进入燃气发生器，与液氧燃烧，产生燃气驱动涡轮后进入推力室。最后，打开推力室燃料阀，为了保证启动的平稳，发动机设置了两种调节器，分别控制燃气发生器和推力室的燃料流量，实现了发动机的受控启动。

▲ "长征5号"运载火箭

▶ 中国未来的"长征9号"火箭

"长征9号"运载火箭（Long March 9，CZ-9）是我国一款正在论证的新一代重型火箭，未来将用于我国深空探测、载人登月和登火、空间基础设施建设（如空间太阳能电站）等任务。

"长征9号"芯级最大直径为10米级，总长约百米，起飞质量超过4000吨，近地轨道运载能力140吨，地月转移轨道运载能力约50吨，运力与美国"土星5号"运载火箭相似。"长征9号"运载火箭已完成深化论证，先期关键技术攻关、方案深化论证阶段已于2016年6月正式批复立项，预计将于2028年左右在文昌航天发射场发射。

"长征9号"运载火箭的出现绝非偶然。当前，美国、俄罗斯积极抢占太空制高点，重启重型运载火箭研制计划，欧洲、日本、印度等也竞相推进新型大运载火箭研究论证，中国同样需要更大能力的运载火箭来自由进入太空。虽然"长征5号"运载火箭已经首飞成功，达到世界先进水平，但载人登月需要运力更大的火箭。规划中"长征9号"火箭技术跨度大，强大的性能更是让人难以忘怀。其运力和美国"土星5号"火箭大致相当，超过正在研制的美国下

▲ "长征9号"示意图

一代运载火箭太空发射系统的运载能力，完全可以满足未来载人月球探测、火星取样返回、太阳系行星探测等多种深空探测任务需求，保障中国在未来宇宙探索和更大更远空间的话语权。

根据 2013 年谭永华发表在《宇航学报》上的论文，我国以载人登月为目标进行了重型火箭的论证，考虑我国航天发展需求、技术保障和工业体系，以及动力型谱发展等因素，最后决定研制 500 吨级液氧煤油发动机（或 480 吨级液氧煤油发动机）和 200 吨级液氢液氧发动机（或 220 吨级氢氧发动机），以此为主动力重型运载火箭采用三级半方案，其中 4 个助推器各采用 1 台 500 吨级液氧煤油发动机，一级采用 4 台 500 吨级液氧煤油发动机，二级使用 2 台 200 吨级液氧液氢发动机，三级采用 2 台 50 吨级液氧液氢发动机高空改进型。

运载火箭爆炸事故

运载火箭发展的过程不是一帆风顺的，而是经历过许多次挫折，即使是航天大国美国和俄罗斯，也发生了多次运载火箭爆炸事故。这些爆炸不仅造成巨大的经济损失，还使科技人员献出了宝贵的生命。了解这方面的事实，目的是使读者了解在辉煌的航天事业的幕后，人类也曾有巨大的付出。

▶ 涅德林灾难

涅德林灾难是 1960 年 10 月 24 日发生在拜科努尔试验场的发射台事故。当时苏联 R-16 洲际弹道导弹正在准备进行试飞，第二节发动机意外点火导致

▼ 涅德林灾难情景

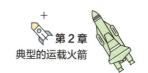

火箭发生爆炸，造成 126 名军事和技术人员丧生。尽管这次灾难很严重，但是相关消息被掩盖很多年，直到 1989 年，苏联政府才承认这一事件。这次灾难以苏联炮兵主帅米特罗凡·涅德林来命名，他在爆炸中丧生。米特罗凡·涅德林为苏联战略火箭部队的指挥官，也是 R-16 洲际弹道导弹计划的负责人。他坐在距离发射架只有 20 米的地方观看火箭发射。许多陪同观看的人在爆炸中丧生，包括航天工业部门的重要人物和一些参与研制导弹的工程师。苏联当局掩盖了这个事件，对外宣称米特罗凡·涅德林死于空难，直到戈尔巴乔夫时代才公布了真相。

▶ "挑战者号"航天飞机灾难

"挑战者号"航天飞机灾难发生于美国东部时间 1986 年 1 月 28 日上午 11 时 39 分，在美国佛罗里达州上空刚起飞 73 秒的"挑战者号"航天飞机发生解体，机上 7 名机组人员丧生。解体后的残骸掉落在美国佛罗里达州中部的大西洋沿海处。

"挑战者号"航天飞机升空后，因右侧固体火箭助推器的 O 形环密封圈失效，使得原本应该是密封的固体火箭助推器内的高压高热气体泄漏。这批气体影响了毗邻的外贮箱，在高温的烧灼下结构失效，同时也让右侧固体火箭助推器尾部脱落分离。最后，高速飞行的航天飞机在空气阻力的作用下解体。这次灾难性事故导致美国的航天飞机飞行计划被冻结了长达 32 个月之久。

▲ "挑战者号"航天飞机爆炸过程（1）

▲ "挑战者号"航天飞机爆炸过程（2）

▶ "大力神 34D-9"火箭爆炸

"大力神 34D-9"运载火箭在 1986 年 4 月 18 日发射，负载不是先进的间谍卫星 KH-11，而是更老的型号 KH-9，这是该卫星的最后一次发射。火箭发射 8 秒之后即发生爆炸。由于火箭发生了灾难性的爆炸，导致发射中心和邻近的发射台散布了许多碎片和有毒推进剂。

▲ "大力神 34D-9"爆炸情况

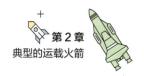

▶ "阿丽亚娜-5"运载火箭爆炸

"阿丽亚娜-5"运载火箭是阿丽亚娜系列火箭中的一个型号,可以将人造卫星发射到地球同步轨道或低地球轨道。"阿丽亚娜-5"运载火箭由欧洲空间局及法国国家太空研究中心出资建造,空中客车集团为主要承包商与建造者。

1996年6月4日,"阿丽亚娜-5"运载火箭首次测试发射,火箭在发射后37秒被迫自行引爆,原因是控制火箭飞行的软件出现故障。

▲ "阿丽亚娜-5"运载火箭发射与爆炸情况

▶ "德尔塔 2 号"运载火箭爆炸

1997 年 1 月 17 日，"德尔塔 2 号"运载火箭发射一颗 GPSIIR-1 卫星时发生爆炸，造成巨大的经济损失。在爆炸发生时，火箭比发射中心仅高出 490 米。这是自 1965 年以来在卡纳维拉尔角的最低高度发射失败。

爆炸产生的碎片坠入大西洋和卡纳维拉尔角空军基地，一些碎片落在发射台上，其他残骸落在复杂管制台外的停车场上，摧毁了那里的 20 辆汽车。在发射台 910 米内，有大量的碎片掉落。发射地点周围的居民被建议待在室内，关上窗户，关掉空调系统以防万一，因为燃料中的一些蒸气可能含有刺激性或有毒成分。

▲ "德尔塔 2 号"运载火箭爆炸

▶ "质子 -M"火箭坠毁

2003 年 7 月 1 日，俄罗斯用"质子 -M"火箭发射三颗格洛纳斯导航卫星。火箭升空几秒后就发生了转向，火箭试图纠正方向，但却转向相反的方向。接着，火箭在水平方向飞行，然后开始直线下降，发动机仍在燃烧。整流罩和火箭的上半部分在撞击到发射台之前就解体了。火箭在发射场附近的 200 号发射台坠毁，没有造成伤亡。

▲ "质子 -M"火箭坠毁情况

▶ "安塔瑞斯"火箭爆炸

2014 年 10 月 28 日，美国轨道科学公司的"安塔瑞斯"火箭在弗吉尼亚的瓦勒普斯飞行基地升空几秒钟后发生爆炸。此次飞行的任务本来是计划将"天鹅座"宇宙飞船送往国际空间站。

▶ "猎鹰 9 号"火箭爆炸

2016 年 9 月 1 日，美国 SpaceX 公司旗下的"猎鹰 9 号"火箭发射通信卫星时发生爆炸。目击者称看到一个火球，听到了多次爆炸声，在几千米外的肯尼迪航天中心的建筑物里感受到了冲击波。

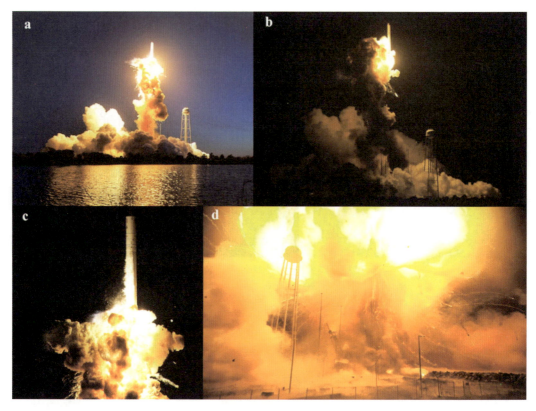

▲ "安塔瑞斯"火箭，图中的 a、b、c、d 表示事件发生的不同过程

▲ "猎鹰 9 号"火箭爆炸情景

⭐ 知识总结

写一写你的收获

▲ 一种太阳帆飞船的艺术设想图

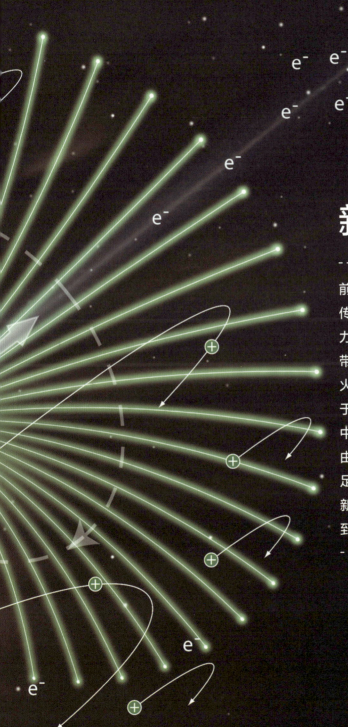

第 3 章

新型**推进**技术

前面介绍的火箭属于化学火箭，或者说是传统运载火箭。这种火箭的优点是运载能力大，技术成熟；缺点是比冲小，需要携带的燃料多，运行的时间短。因此，化学火箭适合于作为运载火箭的一、二级。对于行星际飞行的探测器，在飞往目标过程中需要经常进行轨道修正，这个任务也是由火箭完成的，此时用化学火箭就不能满足需要了。因此，近些年来，发展了一些新型的火箭，实现了火箭运载能力从量变到质变的飞跃。

电火箭

电火箭（electric rocket）利用箭体上的太阳能或核能转化而得的电能加速工质形成高速流而产生推力，常用氙或碱金属（铷、锂等）的蒸气，排出高速射流产生推力。

与传统火箭相比，电火箭有许多特点，其主要的优点是比冲高，是化学火箭的几倍甚至几十倍；所需重量降低，最终速度高。缺点是推力小，加速时间长，需要电源。

电火箭的主要类型包括：

电热推进：利用电能加热工质（如肼、氨、氢等）使其气化，经喷管膨胀加速、喷出产生推力。

静电推进：这种发动机的工质（如汞、铯、氙等）从贮箱经过电离室电离成离子，在引出电极的静电场力作用下加速形成射束。离子射束与中和器发射的电子耦合形成中性的高速束流，喷射而产生推力。

电磁推进：利用电磁场对载流等离子体产生洛伦兹力的原理，使处于中性等离子状态的工作介质加速以产生推力，其比冲为 5000～25000 秒。

▶ 离子推进器

传统的火箭是通过尾部喷出高速的气体实现向前推进的。离子推进器也是采用同样的喷气式原理，但它并不是采用燃料燃烧而排出炽热的气体，它所喷出的是一束带电粒子或是离子。它所提供的推动力相对较弱，但关键的是这种离子推进器所需要的燃料要比普通火箭少得多。只要离子推进器能够长期保持性能稳定，它最终将能够把太空飞船加速到很高的速度。离子推进器先将气体电离，然后用电场力将离子加速后喷出，以其反作用力推动火箭。这是目前已实用化的火箭技术中最为经济的一种。

相关技术已经应用到一些太空飞船上，如日本的"隼鸟"太空探测器，欧

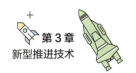
洲的"智能 1 号"太空船和美国的"黎明号"等，而且技术已经取得了很大的进步。未来最有希望成为更远外太空旅行飞船推进器的可能就是可变电冲磁等离子火箭。这种火箭与一般的离子推进器稍有不同。普通的离子推进器是利用强大的电磁场来加速离子体，而可变电冲磁等离子火箭则是利用射频发生器将离子加热到 100 万摄氏度。在强大的磁场中，离子以固定的频率旋转，将射频发生器调谐到这个频率，给离子注入特强的能量，并不断增加推进力。试验初步证明，如果一切顺利，可变电冲磁等离子火箭将能够推动载人飞船在 39 天内到达火星。

离子推进器的特点是由于比冲高，因此只需要少量的推进剂就可以达到很高的终端速度，如美国的"黎明号"小行星探测器只携带了 450 千克氙。其缺点是它的推力很小，目前的离子推进系统只能吹得动一张纸，无法使飞船脱离地表。离子推进器目前只能应用于真空的环境中。在经过很长时间的持续推进后，将会获得比化学推进快很多的速度，这使得离子推进器可以被用在远距离航行中。

▲ 美国国家航空航天局的离子推进器

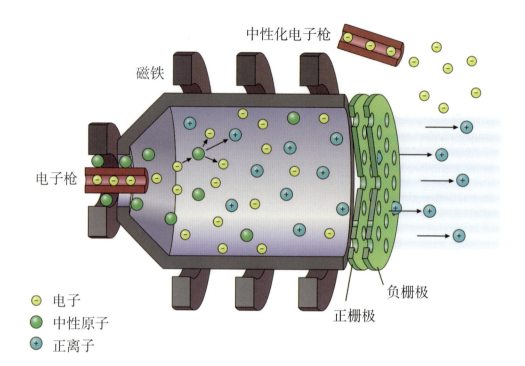

中性化电子枪

磁铁

电子枪

- 电子
- 中性原子
+ 正离子

负栅极

正栅极

▲ 离子推进器基本结构

速度变化 1000 米 / 秒		
推进类型	离子推进	化学推进
消耗的推进剂质量	25 千克氙	300 千克化学推进剂
所需时间	100 天	20 分钟
推力	92mN	500N

▲ 离子推进与化学推进性能对比

　　中国的离子推进器发展迅速，目前已进入实际应用阶段。我国自主研制的 LIPS-200 离子电推进系统已于 2012 年 10 月在我国"实践 9 号"卫星上成功完成空间飞行试验验证。在此基础上，510 所瞄准我国高轨道通信卫星平台和空间站建设，集中力量攻坚，着力提升产品的成熟度和长寿命高可靠水平，取得了新的突破。

　　我国发展离子推进器的意义：目前我国发射的航天器一直由化学燃料执行空间推进职能，为了完成变轨、姿态调整和南北位置保持任务，航天器需要携

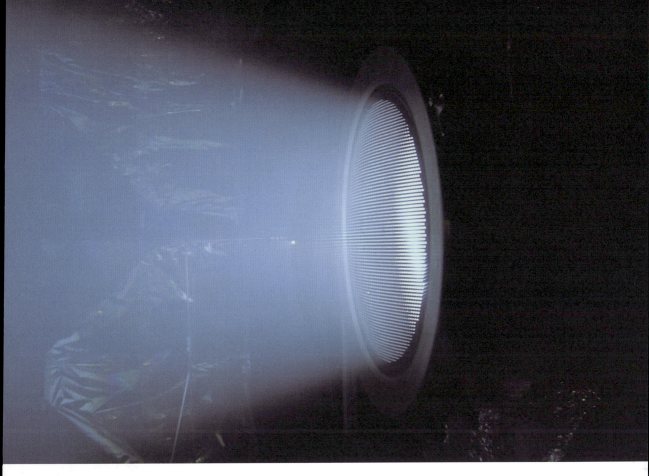

带大量燃料，这不仅占用空间，还大大增加了自身重量。以一颗 15 年寿命的高轨道卫星为例，卫星约重 4.8 吨，其中化学燃料贮箱重量就达 3 吨。如果采用离子电推进系统替代化学推进，仅南北位置保持就可省去 810 千克燃料，如果执行全电推进方案，使卫星"瘦身"至 2 吨以下，省出来的空间和重量可安装更多科学设备载荷。

未来的应用：电推进系统将有望在我国航天器上全面应用，从而大大提升我国通信卫星系列平台、深空探测航天器、重力场测量卫星、载人航天空间站等航天器的整体技术水平和整体性能。

▶ 霍尔效应推进器

霍尔效应推进器使用大约 100~200 高斯的磁场捕获电子，这样强的磁场

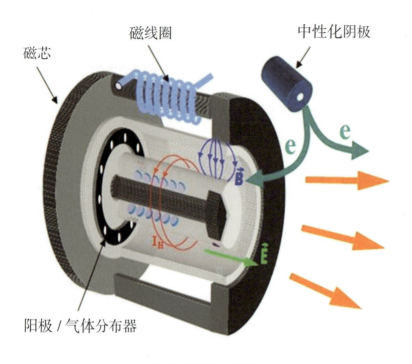

磁芯　　　　磁线圈　　　　　　　中性化阴极

阳极 / 气体分布器

▲ 霍尔效应推进器示意图

足以使电子围绕磁力线回旋，磁场以及捕获的电子云一起作为虚拟阴极。离子太重，其运动基本不受磁场的影响，继续向虚拟阴极运动。在系统中正负电荷的运动在与粒子流相反的方向产生推力。

　　霍尔推进器不受空间正电荷积累的限制，可获得较大的推力，推力范围是 0.1~1N。

▶ 可变比冲磁等离子火箭

　　可变比冲磁等离子火箭利用电磁电离并加热推进剂，然后用磁场来加速产生的等离子体产生推力。普通的离子推进器是利用强大的电磁场来加速离子体，而可变比冲磁等离子火箭则是利用射频发生器将离子加热到 100 万摄氏度。在强大的磁场中，离子以固定的频率旋转，将射频发生器调谐到这个频率，给离子注入特强的能量，并不断增加推进力。

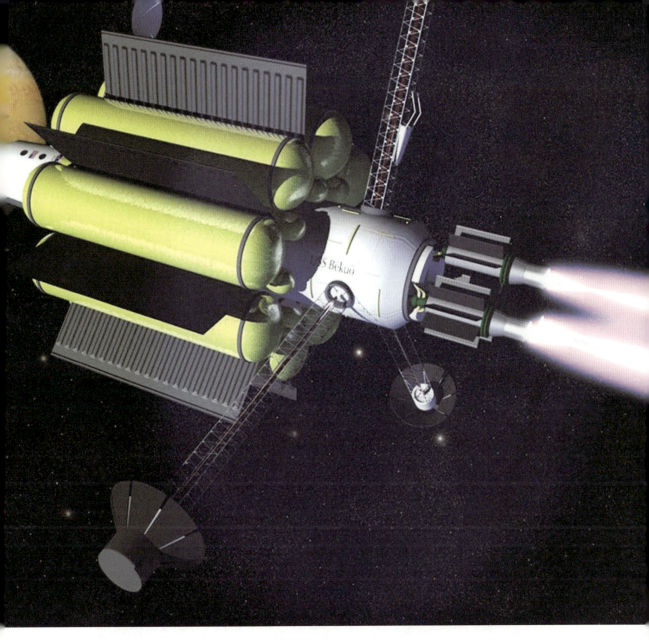

▲ 探测火星的可变比冲磁等离子火箭

可变比冲磁等离子火箭加热等离子体的方法最初是由核聚变研究开发的。美国国家航空航天局前航天员张福林创造了可变比冲磁等离子火箭的概念，自1977年以来就一直在开发它。

可变比冲磁等离子火箭具有短旅行时间、高负载能力、任务灵活性和比冲高等优点，目前的水平是比冲大于5000，未来可达到几万。利用这种火箭到达火星的时间可缩短为大约39天。

 # 太阳帆

　　太阳帆（也称为光帆、光子帆）是一种利用太阳光在"大镜子"上施加辐射压力的航天器推进方法。一个有用的类比可能是一艘帆船，光在镜子上施加一个力就像风吹动帆一样。高能激光束可以作为一种替代光源，发挥比阳光更大的作用，这是一种被称为"波束航行"的概念。太阳帆飞船提供了低成本操作和长时间运行寿命的可能性。由于它们几乎没有移动部件，也没有推进剂，它们可能会被多次用于运送有效载荷。

　　在太空展开的很大、极平滑和极轻的反射面，本质上是一个巨大的太空反射镜。当一束阳光照射到像反射镜一样的表面时，光子被反射，同时施加给反射面一个冲力。

　　光子的推力有多大？即使在 10 万平方米的帆上，阳光产生的推力也不到单个航天飞机发动机所产生的推力的百万分之一。

　　对太阳帆的要求：帆的表面必须很大，用来做帆的材料必须薄而轻。

▲ 太阳帆材料

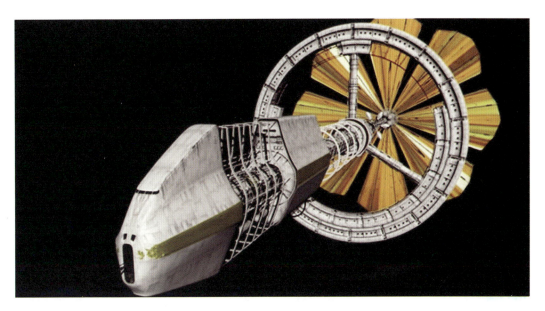

▲ 美国国家航空航天局的太阳帆飞船

太阳帆具有哪些优点？

1 | 可以不断地加速。因此最终可大于传统火箭发射飞船的速度。如果以 1 毫米 / 秒^2 的加速度考虑，在一天后，一个太阳帆可加速到 310 千米 / 时，并移动 7500 千米。12 天后，可加速到 3700 千米 / 时。

2 | 不需要传统推进剂。

太阳帆的应用：

卫星：太阳帆可以悬停在地球的极地上空。配备了太阳帆的航天器也可以定位到离太阳很近的轨道上，并能相对于太阳或地球保持静止。

轨道修正："信使号"探测器在飞往水星途中，便利用了其太阳能电池板上所产生的光压来进行轨道修正。

星际飞行：以太阳帆直接进行星际航行一直是太阳帆研发的最终目的。目前，唯一确认以太阳帆进行星际航行的，只有日本于 2010 年发射的实证测试宇宙探测器 IKAROS。

太阳帆的局限：如果轨道高度低于 800 千米，太阳帆基本就没有用武之地了，因为此时大气阻力的影响比光压要大许多。只有当轨道高度大于这个限度时，太阳帆才能在光压的推动之下产生一个非常微小的加速度，通过数月的累积达到足够的速度。

▲ 太阳帆 3D 模型

▲ 典型的太阳帆飞船

▲ 用太阳风动量产生推力的空间推进概念

电动太阳风帆，简称"电帆"，是 2006 年由芬兰 Kumpula 空间中心提出的一项推进发明。电帆是一种新的空间推进概念，它利用太阳风的动量来产生推力。一个全尺寸的电帆由许多（如 50~100 条）长（如 20 千米）薄（如 25 微米）的导电绳（电线）组成。该航天器包含一个太阳能电子枪（典型的功率为几百瓦），用来保持航天器和电线处于高（通常是 20 千伏）的正电位。电线的电场向周围的太阳风等离子体延伸了几十米，因此，太阳风等离子"看到"导线相当厚，大约是 100 米宽的障碍物。目前已经掌握了一种技术，可以用一种相对简单的方式展开导线，并引导航天器飞行。

对电帆的主要限制是，由于它使用太阳风，它不能在没有太阳风的磁层内产生太多推力。虽然推力的方向基本上远离太阳，但方向可以在一定的范围内通过倾斜帆来改变。因此，朝向太阳运动也是可能的。

 # 核动力火箭

核动力火箭（nuclear powered rocket）是用核能作为动力，代替传统的化学能燃料的火箭，无论是动力还是续航力都有传统火箭无可比拟的优势。

美国国家航空航天局科学任务理事会副主任约翰·格伦斯菲尔德认为人类必须研制出核聚变动力的火箭，传统的化学能火箭不适合进行星际旅行，即便是在太阳系之内的行星际飞行。核动力火箭将提供更快的速度和更强大的能量源，也可以解决登陆其他行星时所遇到的能源问题。核聚变火箭将大大缩短深空飞行的时间，为人类充分探索和利用太阳系开辟道路，美国国家航空航天局目前正在研制核动力火箭动力系统，此类发动机将是下一个重大的科技飞跃。可以想象，如果我们能在一两个月之内到达土星，那将是多么美妙的情景。

美国国家航空航天局的科学家目前正在研究新型核聚变动力，2030年的火星载人登陆计划中将会使用到这一革命性动力，可极大缩短空间飞行的时间。核聚变技术目前依然无法作为宇宙飞船的动力，但是科学家认为核聚变技术并不是幻想，可控核聚变在不久的将来就会出现。将航天员送上一艘前往火星的超高速飞船是完全可以做到的，目前核聚变技术驱动火箭的原理已经在实验室进行了验证，这样的动力系统很可能在短短的90天之内完成飞往火星这颗红色星球的旅程。

核热火箭

在核热火箭中，工作流体通常是液态氢，在核反应堆中被加热到高温，然后通过火箭喷嘴膨胀来产生推力。在这种核火箭中，核反应堆的能量取代了化学火箭中推进剂反应化学物质的化学能量，产生了有效排气速度，因此具有优越的推进效率，其比冲是化学发动机的两倍。火箭的起飞质量大约是化学火箭的一半，因此当把它作为上面级时，它的载荷大约是化学火箭的两倍或三倍。

但到目前为止，人类还没有发射过任何核热火箭。

▲ 一种核脉冲火箭想象图

▶ 核脉冲火箭

核脉冲推进是一种假设的航天器推进方法，它使用核爆炸来产生推力。

▶ 核电火箭

在一枚核电火箭中，核热能被转化为电能，用于产生驱动力。这里，核能是动力装置，而不是推进系统。

▶ 核聚变火箭

核聚变火箭是一种由核聚变推进驱动火箭的理论设计，它可以在不携带大量燃料的情况下，为太空提供高效和长期的加速。

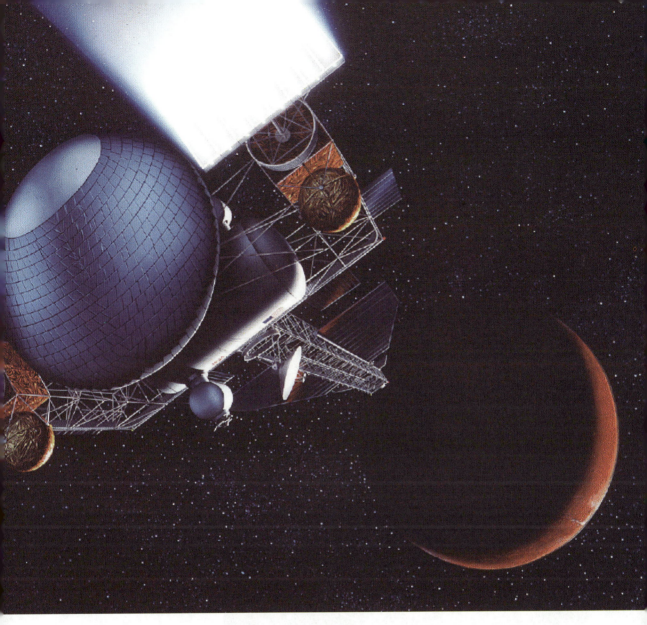

▲ 核电火箭

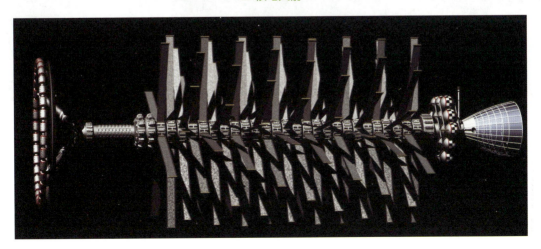

▲ 核聚变火箭

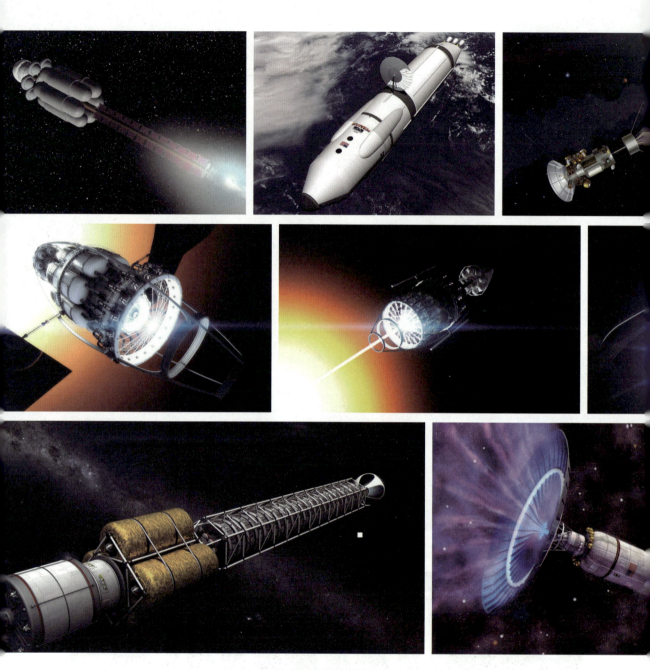

▲ 各式各样的反物质火箭

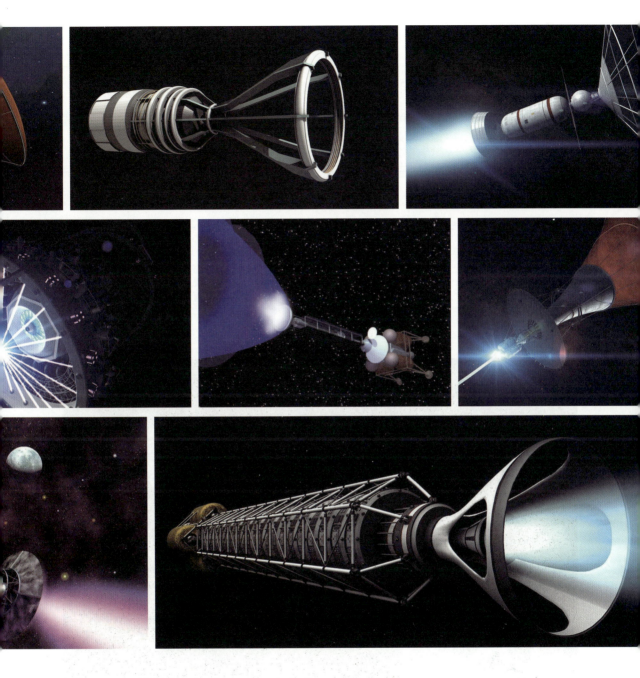

▶ 反物质火箭

反物质火箭是一种使用反物质作为能量来源的火箭。这类火箭的优势在于，物质 / 反物质混合物的大部分剩余质量可以转化为能量，使反物质火箭的能量密度和比冲比任何其他的火箭都要高得多。

反物质火箭可以分为三种类型：直接使用反物质湮灭产生推进；用热工作流体或中间材料产生推进；加热工作流体或某种形式的中间材料以产生电，然后采用某种形式的电推进系统。采用这些机制的推进概念一般分为四种类别：固体核、气态核、等离子体核以及光束核。

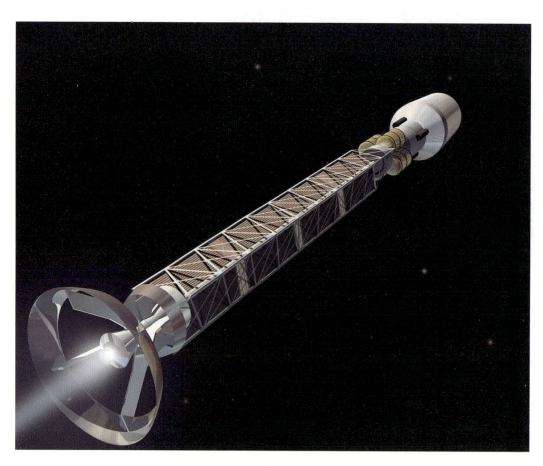

▲ 反物质火箭

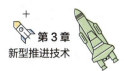

知识总结

写一写你的收获

▲ 美国的"猎户座"载人飞船

第 4 章

行星探测器与载人飞船

太空中无处不见航天器的身影，无论是在地球轨道兢兢业业工作的卫星、义无反顾奔向外太空的探测器，还是载着人类飞往月球的飞船，都属于航天器的范畴。它们承担着人类航天探测的使命。这些行星探测器和载人飞船有哪些精密的构造？它们的飞行有哪些规律？本章我们一起了解。

航天器的结构

什么是航天器？基本上按照天体力学的规律在太空运行的各类人造飞行体统称为航天器（Spacecraft）。1957 年 10 月 4 日，苏联发射了第一颗人造地球卫星，使人类进入太空时代。截至 2017 年 10 月 4 日，全世界共发射 8593 颗各种类型的航天器，平均每年发射 143 颗。

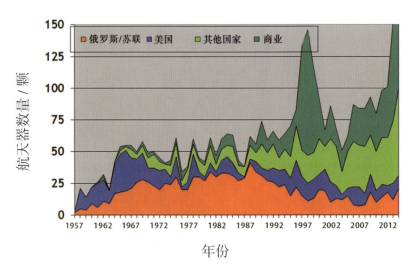

▲ 1957—2012 年间发射的民用航天器

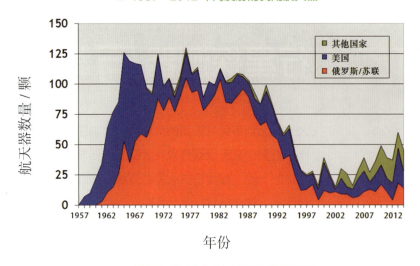

▲ 1957—2012 年间发射的军用航天器

航天器的基本构成包括：

负载： 各种科学仪器、货物或乘员。对于科学卫星或行星探测器来说，负载主要指各类科学仪器，也称有效载荷。对于载人航天器，负载包括乘员、科学实验装置；对于货运航天器，负载主要指航天器携带的设备、给养等。

数据处理系统： 主要用于信息的存储和预处理。科学卫星一般携带多种探测仪器，数据处理系统的功能是将各类仪器所获得的数据收集、存储和预处理，以便由通信系统将这些数据发送到地面，这些工作由星载计算机完成。

姿态控制系统： 实现航天器姿态稳定和姿态机动的装置或系统称为航天器姿态控制系统。姿态控制的目的是：航天器在轨道运行时，为了完成它所承担的任务，必须具有一定的姿态。对地观测卫星的照相机或者其他遥感器要对准地面；通信卫星和广播卫星的天线要对准地球上的服务区；航天器上的能源装置——太阳电池翼要对准太阳；航天器做机动变轨时其变轨发动机要对准所需推力方向；航天器从空间返回大气层时其制动防热面须对准迎面气流方向。

姿态控制方式分为两种：

被动姿态控制：利用航天器本身的动力特性和环境力矩来实现姿态稳定。例如，人造卫星自旋稳定、重力梯度稳定、磁稳定、气动稳定、太阳辐射压力稳定等。自旋稳定所根据的原理是在无外力矩作用时自旋，航天器的动量矩在空间守恒（即大小和方向保持不变）。

主动姿态控制：主动姿态控制系统由姿态敏感器、控制器和执行机构（也称力矩器）组成。常用的执行机构有喷气执行机构、磁力矩器和飞轮。喷气执行机构通过排出高速气体或离子流对航天器产生反作用力矩，实现航天器的姿态控制。磁力矩器利用航天器内通电绕组所产生的磁矩和环境磁场作用来实现控制。

通信系统： 指航天器的天线与电子部件，用于接收来自卫星地面站的上联信号，将接收到的信号放大，存储输入的信号，将输出信号通过输入/输出多路调制器指向合适的下联天线，以便将信号发送到卫星地面站。

电源系统： 主要类型包括太阳电池翼、蓄电池、放射性同位素热电电源。放射性同位素热电电源具有环境适应性好、寿命长、结构紧凑、可靠性高和免维护的特点。

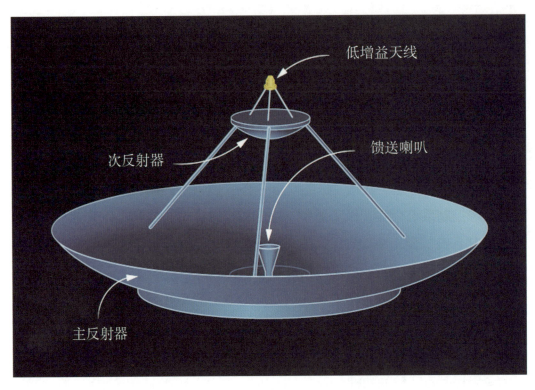

低增益天线

次反射器

馈送喇叭

主反射器

▲ 典型的天线

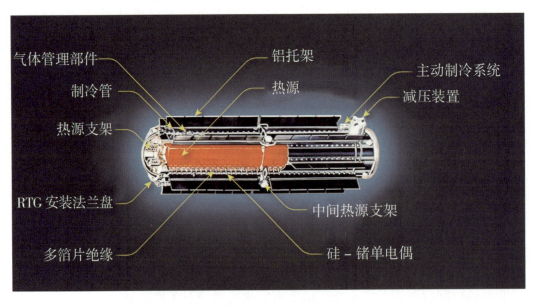

气体管理部件

制冷管

热源支架

铝托架

热源

主动制冷系统

减压装置

RTG 安装法兰盘

多箔片绝缘

中间热源支架

硅－锗单电偶

▲ 放射性同位素热电电源

▲ 卡西尼探测器的电源

温度控制系统： 将温度控制在一定范围内。卫星在轨飞行时，会遇到高温和低温两种环境。在数百到数千千米的高空，非常稀薄的气体不能阻挡太阳的照射，没有传导与对流散热，太阳直接照射卫星表面，如果不加防护，卫星的温度很快就会升高；而当卫星飞行到地球的另一面时就进入了阴影区，得不到太阳的热量，温度会很快地降低。电子器件都产生热量，实际上限制卫星功率增加的因素不是有没有能力增加功率，而是有没有能力使得产生的热量可以被辐射。

温控系统的作用：一般的电子仪器设备，长时间在 50℃以上的环境下工作就会产生故障，而有一些设备（如化学电池），在 0℃以下它的效率又很低。因此，尽管外部环境的温度变化非常剧烈，卫星内部必须保持一定的温度范围，以保证星内的仪器设备工作正常。温度控制系统可以保证卫星内部的温度始终保持在一定的范围内变化。

温度控制系统分为两种类型：

被动温度控制系统：被动温度控制系统就是在对卫星进行热控制时不需要

消耗能量，只需要在卫星的内外表面及仪器设备上采取相应的措施就可以达到热控制的目的。白色或金色热涂层可有效反射来自太阳的红外辐射。金色热涂层是非常有效的红外反射器，通常用于遮挡关键的部件。多层隔热材料将需要保温的仪器包扎起来，便能达到保温目的。另外，还可以用热管把发热量大的仪器的热量传导到不发热的仪器上。

主动温度控制系统：在卫星内部加电热丝系统，在卫星的表面安装可活动的百叶窗，流体循环交换。对于大型的、发热量多的航天器，要设计一套复杂的流体循环换热装置，即在卫星的各个部位和仪器上采用热收集器，收集的热量通过导管中液体的流动带到一个热交换器上，再由热交换器把热量传到热辐射器，通过辐射器把热量辐射到空间。

推进系统： 用于航天器变轨。常用的推进系统有四种：冷气推进系统、单组元推进系统、双组元推进系统和等离子体发动机。

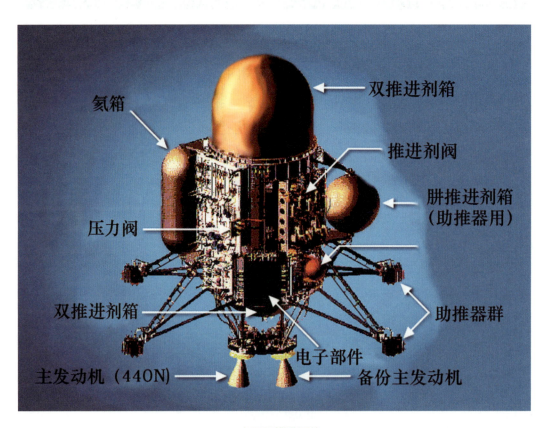

▲ 卡西尼推进系统

　　结构平台： 将上述部件刚性地组合在一起。结构子系统为航天器提供整个的机械完整性，支撑航天器所有部件，经受发射过载和各种冲击震动。航天器平台是结构子系统的主体，它将部件整合在一起，容纳易损的模块。

　　卫星平台： 卫星平台（satellite plateform）由卫星服务（保障）系统组成，可以支持一种或几种有效载荷的组合体。卫星平台实际上就是除了有效载荷或有效载荷舱以外卫星的其余部分。卫星平台可以由卫星服务（保障）系统组合成一个或几个舱段，如服务舱、推进舱和返回舱。

 # 典型的行星探测器

行星探测器包括飞越探测器、轨道器、着陆器和漫游器。

典型的飞越探测器："旅行者""新视野探测器""星辰号彗星探测器""水手 2 号""水手 4 号""水手 5 号""水手 6 号""水手 7 号""水手 10 号""先锋 10 号"和"先锋 11 号"。

典型的轨道器："信使号"水星轨道器、"水手 9 号"火星轨道器，"卡西尼号"土星轨道器，"火星全球观测者"，"火星奥德赛"，"尤利塞斯号"太阳极区轨道器，"火星 1 号"轨道器，"麦哲伦号"金星轨道器以及"朱诺号"木星轨道器等。

典型的着陆器："海盗号""猎兔犬 2 号""勘察者号"月球着陆器。

典型的漫游器："火星探路者号""勇气号""机遇号""好奇号""毅力号"火星探测器，"玉兔号"月球车以及"祝融号"火星车。

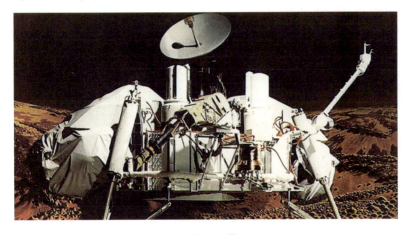

▲ "海盗号"

▲ "机遇号"

载人飞船基本结构

载人飞船是配备有生命保障系统的天地往返运输工具。载人飞船可以独立进行航天活动，也可成为往返于地面和空间站之间的"渡船"，还能与空间站或其他航天器对接后进行联合飞行。载人飞船容积较小，受到所载消耗性物质数量的限制，不具备再补给的能力，而且不能重复使用。1961 年苏联发射了第一艘载人飞船——"东方号"，后来又发射了"上升号"和"联盟号"飞船。

美国也相继发射了"水星号""双子星座号""阿波罗号"等载人飞船。其中，"阿波罗号"是载人登月飞船。

载人飞船的主要结构特点是有载人舱，一般可分为几个舱段。例如，可采用两舱式结构或三舱式结构；如有对接任务则有对接机构，它放在飞船的最前边。苏联第一代飞船"东方号"的结构很简单，是两舱式，飞船只载 1 个人。第二代飞船飞行时，苏联的"上升号"多了一个出舱用的气闸舱，且能载 2~3

▲ "神舟"飞船的结构

人；美国"双子星座号"飞船仍为两舱式加对接机构。第三代飞船是三舱式结构，如苏联的联盟号飞船。这种飞船的最前端是对接机构，然后接轨道舱，再接返回舱和服务舱，最后与运载火箭相连，有的舱之间有过渡舱段相接连，有出舱任务的载人航天器都增设出舱用的气闸舱。美国"阿波罗号"飞船除有两舱段结构外还增设登月舱。

▲ "阿波罗12号"

载人飞船的轨道舱是飞船重点的舱段。它前端的对接机构供飞船与其他飞船或空间站对接用，其下端通过密封舱门与返回舱相连。它是航天员在太空飞行中进行科学实验、进餐、体育锻炼、睡觉和休息的空间，其中备有食物、水、睡袋、废物收集装置、观察仪器和通信设备等。轨道舱还可兼作航天员出舱活动的气闸舱。

返回舱也是密闭座舱，在轨道飞行时与轨道舱连在一起称为航天员居住舱。在起飞阶段和再入大气层阶段，航天员都是半躺在该舱内的座椅上，航天员的姿态有一定角度以克服超重的压力。座椅前方是仪表板，以监控飞行情况；座椅上安装姿态控制手柄，以备自控失灵时用手控进行调整。美国"水星号"载人飞船在返回地面时自控失灵，就是靠航天员手控使飞船返回地面的。在飞船返回地面之前，轨道舱和服务舱分别与返回舱分离，并在再入大气层过程中焚毁，只有返回舱载着航天员返回地面。

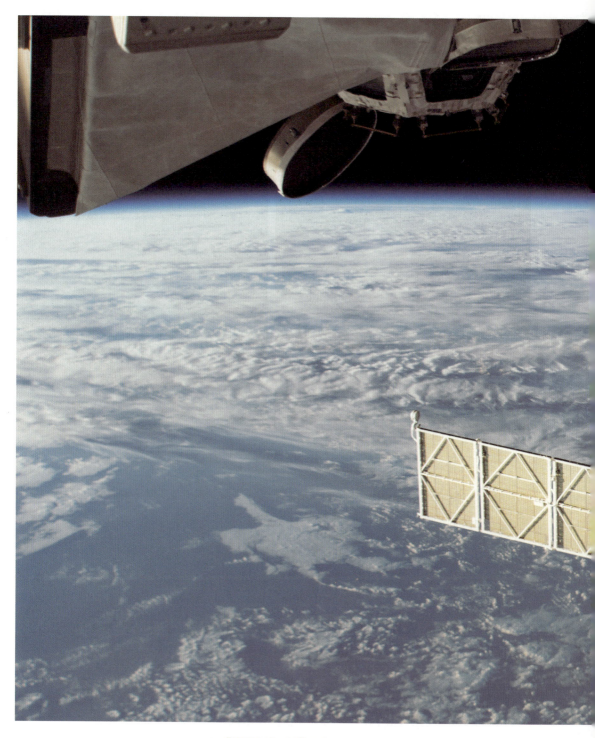

▲ "联盟 MS-09"飞船

"猎户座"载人飞船

"猎户座"多用途载人飞船（MPCV）是一艘美国的星际飞船，旨在搭载 4 名航天员前往位于近地轨道的目的地或更远的地方。目前，美国国家航空航天局正在开发太空发射系统，"猎户座"计划用于人类探索月球、小行星和火星，并在需要时从国际空间站获取航天员或补给。

2011 年 5 月 24 日，美国国家航空航天局宣布了"猎户座"多用途载人飞船，目前正在开发中。

▲ 美国国家航空航天局的猎户座飞船

它的设计是基于被取消的星座计划中的"猎户座"载人飞船。它主要有指挥舱和服务舱两个模块，指挥舱由洛克希德·马丁公司建造，服务舱由欧洲空间局提供。

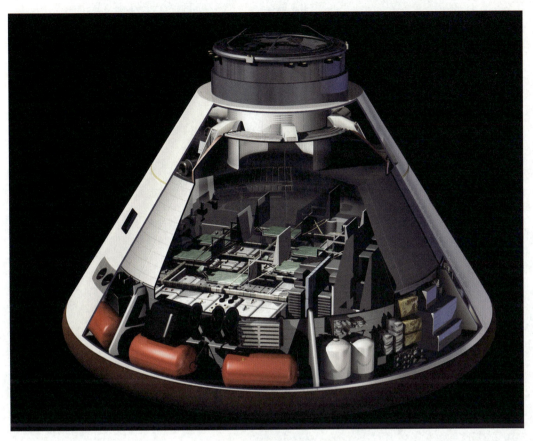

▲ "猎户座" MPCV 内部结构

与"阿波罗号"飞船相比，既有相同点，也有不同之处：

1 | 空间更大，能携带 4 到 6 位航天员，而"阿波罗号"飞船最多只能承载 3 名航天员。

2 | 装备有太阳能电池板，这将大大减少使用燃料电池和普通电池。

3 | 既能像"阿波罗号"飞船一样降落于水中，也能依靠降落伞在干燥的沙漠地区着陆。

4 | 由高科技合成材料制成，重量显著降低，而具有强大处理能力的电脑令它的"大脑"更发达。

▲ 伽利略号

第 5 章

航天器的**轨道**

都说"条条大路通罗马",可选哪条路最好走呢？航天器的轨道，就是航天器运行的"道路"。每一个航天器都有自己特定的轨道，遵循特定的规律。本章将告诉我们这些轨道的规律和特点，以及那些值得注意的特殊轨道，这将让我们加深对航天器运行规律的了解。

 # 人造卫星的轨道

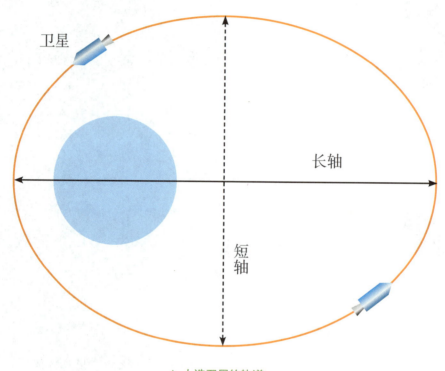

▲ 人造卫星的轨道

人造卫星围绕地心运行时所描绘出的曲线，一般是椭圆形的。

卫星的轨道参数：近地点、远地点、轨道倾角。

⭐ 开普勒三定律

　　开普勒第一定律（椭圆定律）：行星（航天器）绕太阳（地球）运行的轨道是椭圆形的，且太阳（地球）位于椭圆的一个焦点上。

　　开普勒第二定律（面积定律）：行星（航天器）与太阳（地球）的连线（向径）在相等的时间内扫过的面积相等。

　　开普勒第三定律（调和定律）：行星（航天器）轨道周期的平方正比于椭圆轨道半长轴的立方。

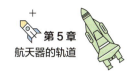

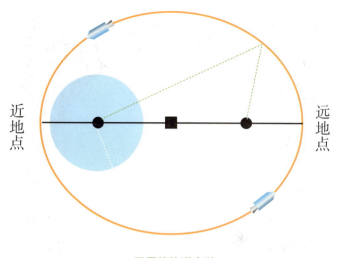

▲ 卫星的轨道参数

轨道倾角 i ：$i=0$ 时为赤道轨道；$i=90°$ 时为极轨。

典型的轨道——极轨，轨道倾角等于 $90°$。沿极轨运行的航天器，每圈都经过南、北极地区，再加上地球自转效应，能达到覆盖全球的目的。

太阳同步轨道： 轨道平面绕地球自转轴进动的方向与地球绕太阳公转方向相同，且进动角速度等于地球公转平均角速度（$0.9856°$/ 天）的轨道称为太阳同步轨道（Sun-synchronous orbit，SSO）。沿此轨道运动的卫星，每天经过同一纬度时，地面的光照条件大致相同，有利于对地面进行可见光观测。

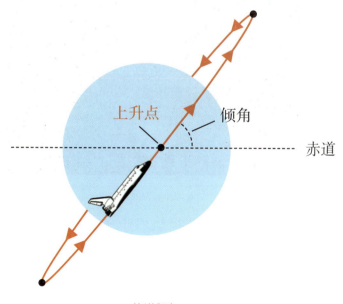

▲ 轨道倾角 i

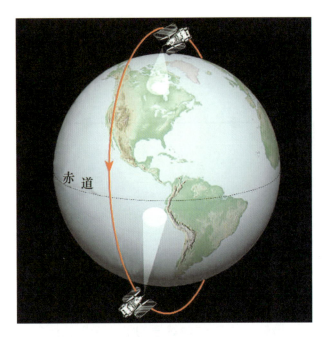

▲ 极轨卫星

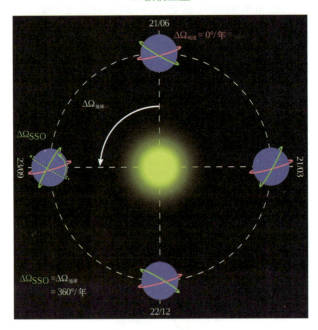

▲ 太阳同步轨道

太阳同步轨道的内涵： 如选择轨道半长轴 a 和轨道倾角 i 的组合，使 DW=0.9856°/天，则轨道进动方向和速率与地球绕太阳周年转动的方向和速率相同（即经过 365.24 平太阳日，地球完成一次 360° 的周年运动），此特定设计的轨道称为太阳同步轨道。

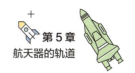

地球静止轨道： 轨道高度为 35786 千米，倾角等于 0 的圆形轨道，它位于赤道平面，仅有一条。由于航天器沿此轨道运行的角速度大小和方向与地球自转角速度相同，因此它相对于地球是静止的。

倾斜地球同步轨道： 与地球自转角速度相同，但轨道倾角不为 0，其地面轨迹是 8 字形。

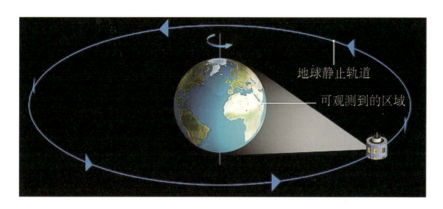

▲ 地球静止轨道

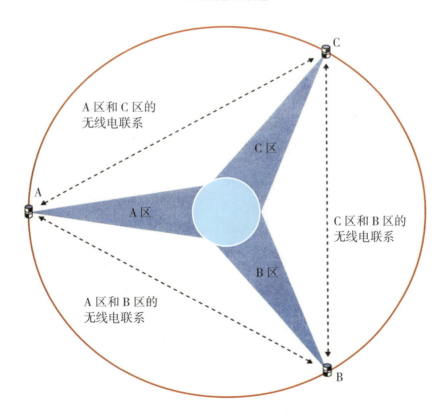

▲ 三颗地球静止轨道通信卫星可覆盖全球

 # 霍曼轨道与发射窗口

▶ 霍曼轨道

转移轨道又称过渡轨道，是航天器从初始轨道或停泊轨道过渡到工作轨道的中间轨道。从转移速度和能源效率方面可分为霍曼转移轨道（Hohmann transfer orbit，HTO）、双椭圆转移轨道（Bi-elliptic transfer orbit，BTO）和地球同步转移轨道（Geostationary transfer orbit，GTO）。

在两条不同轨道之间的过渡轨道并不是唯一的，过渡轨道最佳化理论就是要寻找在某种条件下消耗能量最省的过渡轨道。在航天工程中，过渡轨道的选择要综合考虑能量消耗、飞行时间、制导精度、测量和控制条件等因素。

霍曼轨道也称霍曼转移轨道。在轨道力学中，霍曼转移轨道是一个椭圆轨

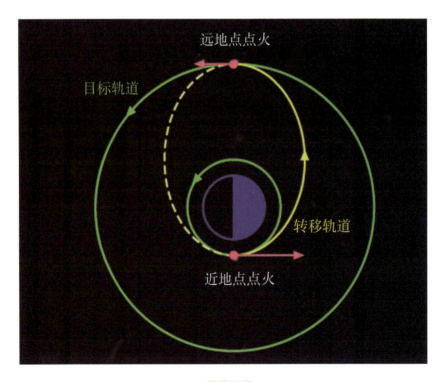

▲ 霍曼轨道

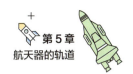

道，用于在同一平面上不同半径的两个圆形轨道之间进行传输。一般来说，霍曼转移轨道在两个物体之间的轨道上使用的能量最低，所以在这些半径的轨道上，被用来发送最大数量的任务载荷和一个特定的火箭所能提供的固定能量。非霍曼的传输路径对于特定的任务可能有其他的优点，如更短的传输时间，但是必须减少有效载荷质量和 / 或使用更强大的火箭。

霍曼的传输要求起始点和目标点在它们的轨道上相对于彼此的位置。使用霍曼传输的空间任务必须等待这种需要的对齐，从而打开一个所谓的启动窗口。例如，对于地球和火星之间的太空任务，这些发射窗口每 26 个月就会出现一次。霍曼转移轨道也确定了在起始点和终点之间旅行所需的固定时间；对于一个"地球—火星"旅行，这个旅行时间是 9 个月。

霍曼轨道的特点：采用双切轨道可以节省燃料；飞行时间长，如对于天王星，采用上述轨道，需要 16 年才能到达。

天体	双切轨道		抛物线轨道	
	v_p /（千米 / 秒）	Δt_1 / 年	v_p /（千米 / 秒）	Δt_2 / 年
水星	13.39	0.2888	16.66	
金星	11.47	0.3999	16.66	
火星	11.57	0.7087	16.66	0.1913
木星	14.23	2.731	16.66	1.108
土星	15.20	6.048	16.66	2.330
天王星	15.89	16.03	16.66	6.776
海王星	16.15	30.60	16.66	12.965
冥王星	16.27	45.46	16.66	19.276

▲ 采用不同转移轨道到达太阳系其他天体的时间

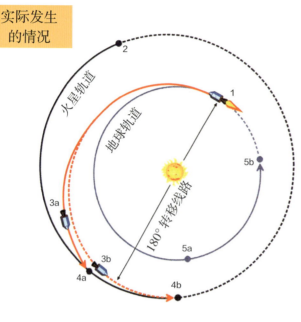

实际发生
的情况

火星轨道

地球轨道

180°转移线路

1
2
3a
3b
4a
4b
5a
5b

1. 发射时地球所处的位置。航天器实施加力进入第二宇宙速度。

2. 发射时火星所处的位置。注意，火星处在地球之前。火星必须领先，因为它绕太阳运动的速度比航天器慢。

3. 航天器采用 1– 型或 2– 型轨道（分别为 3a 和 3b）向火星滑行。

4. 航天器和火星到达太空中的同一点。该行程若采用 1– 型需耗时大约 200 天，采用 2– 型则需约 300 天时间（分别为 4a 和 4b）。

5. 采用 1– 型和 2– 型轨道（分别为 5a 和 5b）到达火星时，地球所处的位置。

▲ 火星探测器转移轨道

▶ 发射窗口

发射窗口是指运载火箭最适合发射的一段时间。如果未能在此"窗口"发射，则必须等待下一次的发射窗口。

如果只要进入任意环绕地球的轨道，几乎任何时间皆可；但假如要和空间站或其他已在轨道中绕行的航天器进行对接，则发射时间必须控制在当目标物的轨道平面通过发射地点的时候，如此发射物便能在同一个轨道平面中飞行，使会合较容易。

如果要抵达其他行星，使用简单、低能量的霍曼转移轨道的话，两次发射窗口的间隔便是两行星的会合周期（不考虑行星的轨道离心率）。

考虑地球本身的运动，从地球上观察，一个天体返回到相对于太阳相同构型所用的时间称为会合轨道周期，简称为会合周期。

地球与火星的会合周期为 780 天，也就是 26 个月。因此，探测火星的最佳时间为每 2 年多一次。更复杂的情况，如使用引力助推的话，发射窗口便不规则。

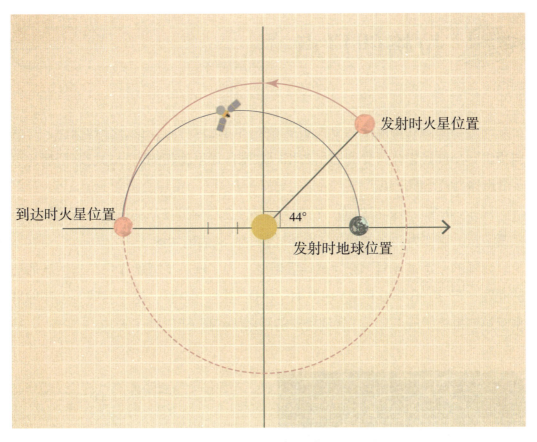

▲ 发射火星探测器时火星与地球的相对位置

如果采用霍曼转移轨道探测火星，发射时间以及火星相对于地球的位置是需要精心选择的。

拉格朗日点

一个小质量的物体在两个大质量的物体附近运行时，有 5 个特殊点，在这些点上，小质量物体所受到的引力和以共同角速度旋转的向心力恰好相等。这 5 个点称为拉格朗日点。

Halo 轨道： 也叫晕轨道，在地月系统 L2 点附近摆动的轨道，在此轨道上放置卫星，可作为地球与月球背面着陆器之间的通信中继。

我国的"嫦娥 4 号"在月球背面着陆，为了解决"嫦娥 4 号"与地球通信的问题，在 2018 年 5 月 21 日发射了中继卫星"鹊桥"，这个卫星定位在地月系统第二拉格朗日点 L2。L2 到月球的距离大约是 65000 千米。

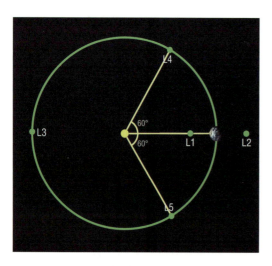

▲ 日地系统拉格朗日点

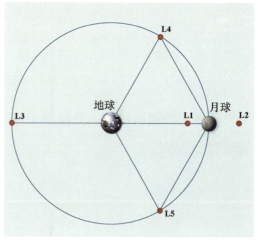

▲ 地月系统拉格朗日点

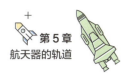

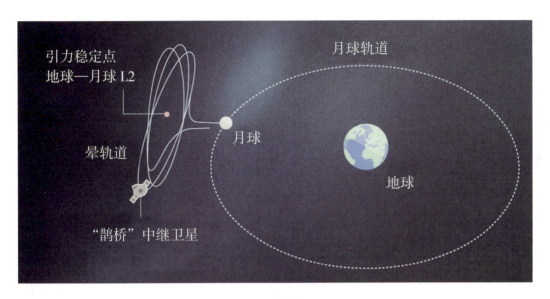

▲ 晕轨道

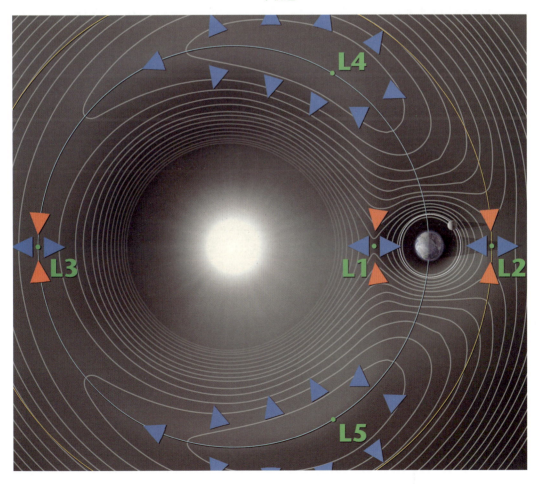

▲ 拉格朗日点的稳定性

引力助推

引力弹弓就是利用行星的重力场来给太空探测船加速，将它甩向下一个目标，也就是把行星当作"引力助推器"。利用引力弹弓使我们能探测海王星以内的所有行星。

引力助推既可用于增加飞行器速度，也能用于降低飞行器速度。简单来说是利用速度的合成原理，不仅可改变速度的大小和方向，还可以改变轨道倾角。

天体	水星	金星	地球	火星	木星	土星	天王星	海王星
最大速度增量 /（千米/秒）	3.01	7.33	7.91	3.55	42.73	25.62	15.18	16.75

▲ 飞越八颗天体可能获得的最大速度增量

"尤里塞斯"（Ulysses）探测器是由美国"发现号"航天飞机于 1990 年 10 月 6 日发射升空，飞往木星和太阳。这项任务是 NASA（美国国家航空航天局）和 ESA（欧洲空间局）的一项联合计划，目的是对太阳和木星进行探测。

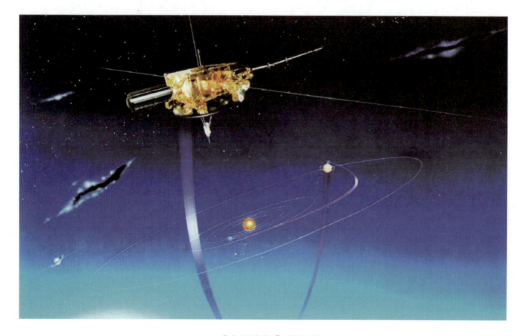

▲ "尤里塞斯"的轨道

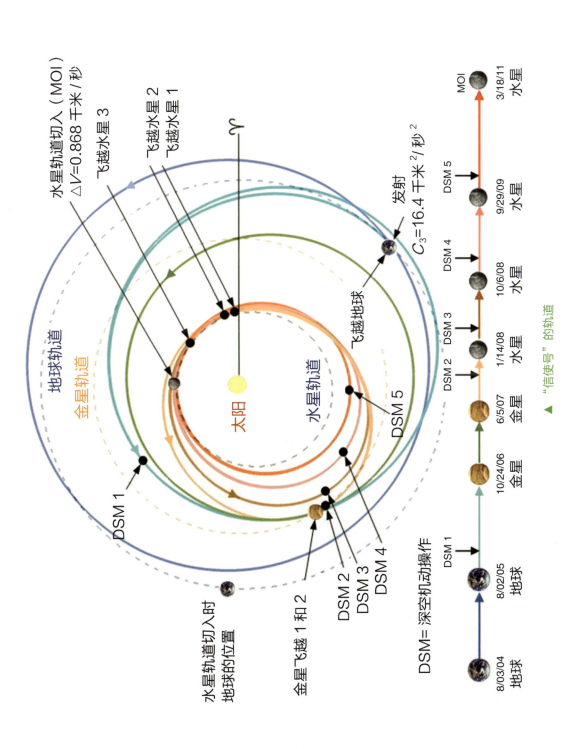

水星轨道切入（MOI）
$\triangle V$=0.868 千米／秒

飞越水星 3

飞越水星 2
飞越水星 1

γ

地球轨道

金星轨道

太阳

水星轨道

发射
C_3=16.4 千米²/秒²

飞越地球

DSM 5

DSM 1

金星飞越 1 和 2

DSM 2
DSM 3
DSM 4

水星轨道切入时
地球的位置

DSM=深空机动操作

▲ "信使号" 的轨道

8/03/04	8/02/05		10/24/06	6/5/07	1/14/08	10/6/08	9/29/09	MOI			
地球	地球		金星	金星	水星	水星	水星	3/18/11			
	DSM 1				DSM 2	DSM 3	DSM 4	DSM 5	水星		

▲ "好奇号" 火星车

第 6 章

太阳系内航行

太阳系是我们的家园，也是我们星际航行的起点。在太阳系内部，人类已经实现了载人登月、火星探测，已经有探测器飞临木星、土星进行专门探测，人类飞行最远的探测器——旅行者1号、旅行者2号已经来到接近太阳系边缘的位置。如此多的探测活动，极大推动了科技进步，扩展了人类的视野，本章为大家讲述这些丰富的探测故事和重要的探测成果。

 # 飞往月球轻车熟路

月球是地球唯一的天然卫星。飞往月球主要有以下几种形式：飞越、环绕、着陆、到达第二拉格朗日点。这些形式在技术上都很成熟，飞往月球可以说是轻车熟路。

1 | 飞越。从地球出发，进入地月转移轨道，接近月球后，从月球背面飞越，然后返回地球。当年"阿波罗"登月采用的就是这种轨道。

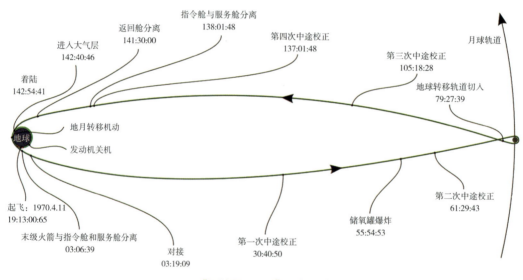

▲ "阿波罗13号"飞船的轨道

2 | 环月。这种方式采用得最多，各国发射的探月卫星，大多数采用环月轨道，美国的"阿波罗8号"也采用这种方式。

3 | 在月面着陆。从月球探测的角度看，在月面着陆是一种非常重要的探测方式，目前已经发射了多颗着陆器，如我国的"嫦娥3号"。这种方式是在环月的基础上，再采用动力下降模式，利用反冲火箭减速，实现着陆器软着陆。如果是载人探测或者是开展月面旅游，还要增加离开月面、返回地球的环节。

4 | 奔向地月系统第二拉格朗日点。在这个点放置卫星，可以对在月球背面着陆的探测器提供通信中继，如我国发射的"鹊桥"卫星。未来开展月球旅

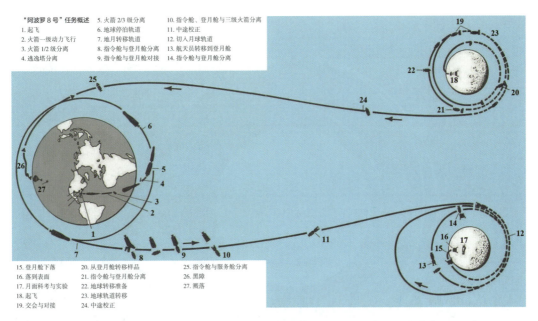

"阿波罗8号"任务概述
1. 起飞
2. 火箭一级动力飞行
3. 火箭 1/2 级分离
4. 逃逸塔分离
5. 火箭 2/3 级分离
6. 地球停泊轨道
7. 地月转移轨道
8. 指令舱与登月舱分离
9. 指令舱与登月舱对接
10. 指令舱、登月舱与三级火箭分离
11. 中途校正
12. 切入月球轨道
13. 航天员转移到登月舱
14. 指令舱与登月舱分离

15. 登月舱下落
16. 落到表面
17. 月面科考与实验
18. 起飞
19. 交会与对接
20. 从登月舱转移样品
21. 指令舱与登月舱分离
22. 地球转移准备
23. 地球轨道转移
24. 中途校正
25. 指令舱与服务舱分离
26. 黑障
27. 溅落

▲ "阿波罗8号"飞船的完整轨道示意图（虚线表示通讯中断处）

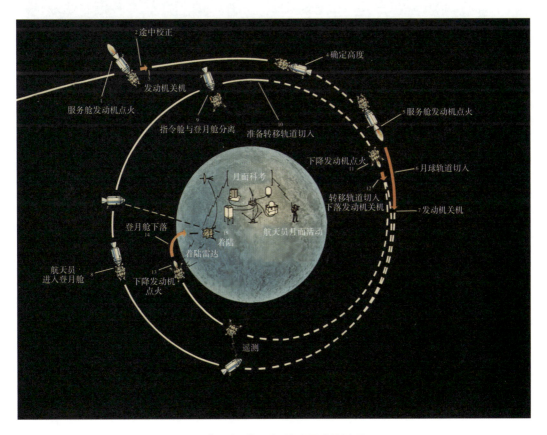

▲ "阿波罗"飞船着陆月球的过程

103

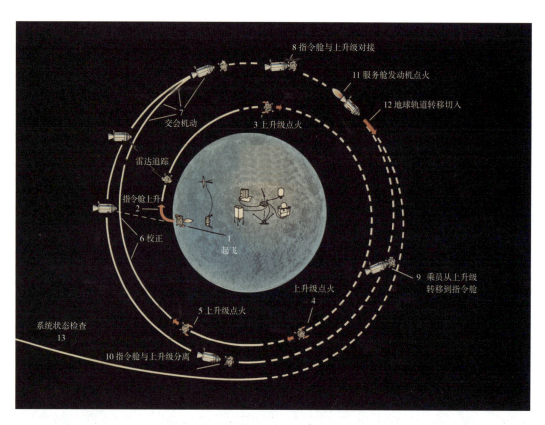

▲ "阿波罗"飞船离开月球的过程

1：地月转移轨道切入（TL1）3.1 千米／秒

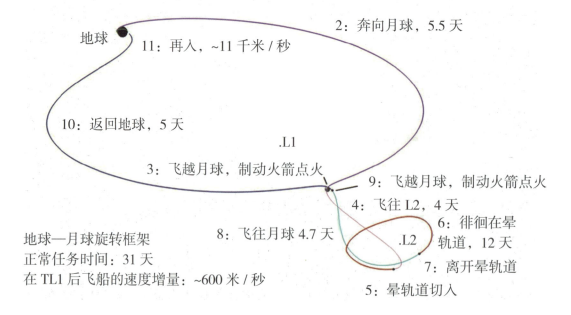

2：奔向月球，5.5 天

11：再入，~11 千米／秒

10：返回地球，5 天

.L1

3：飞越月球，制动火箭点火

9：飞越月球，制动火箭点火

4：飞往 L2，4 天

6：徘徊在晕轨道，12 天

.L2

7：离开晕轨道

8：飞往月球 4.7 天

地球—月球旋转框架
正常任务时间：31 天
在 TL1 后飞船的速度增量：~600 米／秒

5：晕轨道切入

▲ 到地月第二拉格朗日点旅行图

游，也可以将飞船发射到这个位置，这样可以尽情地观测与研究月球背面情况。

到第二拉格朗日点旅行的大致行程包括：飞船发射后进入地月转移轨道，然后飞往月球，到达月球的时间大概是 5.5 天。接着是飞越月球，制动火箭点火，飞船减速后飞向 L2 点，大约需要 4 天。到达 L2 点附近后，切入晕轨道，也就是围绕 L2 点徘徊的轨道，在这里停留 12 天，因为背面的白天共 14 天。此后飞船离开晕轨道，再次飞往月球，大约需要 4.7 天。然后飞越月球，进入返回地球轨道，5 天后到达地球。由此可见，正常任务需要 31 天。

 # 拜访火星技术成熟

在太阳系所有行星中，火星是人类探索次数最多的。未来人类还要开展载人火星探测，并建立火星基地。对到达火星，人类已经积累丰富的经验，可以说是技术成熟。一般来说，不管到火星的目的是什么，都要关注这几个问题。

▶ 发射窗口

地球与火星都围绕太阳旋转，一个在里圈，一个在外圈，因此二者的相对位置不断变化。如果我们想到达火星，就一定要选择一个合适的机会，使得飞船最节省能量，到达火星的时间又最短。这个时机不是任何时候都存在的，根据计算，发射火星探测器或飞船的最佳时机是每26个月一次，错过了这次，就还得等26个月。因此，为了抓住这个机会，发射探测器有一个时间间隔，这个间隔就称为发射窗口。

▶ 进入霍曼转移轨道

以火星勘察轨道器为例，2005年8月12日发射时，火星距离地球0.77AU；2006年3月10日到达火星轨道时，火星也正好运动到相同位置。但此时地球已经跑到前面，距离火星1.43AU。

⭐ 什么是天文单位？

天文单位是天文学中计量天体之间距离的一种单位。以AU表示，其数值取地球和太阳之间的平均距离。1AU=149597870千米。天文单位一般用以计量太阳系中各天体间的距离，如：地球距离太阳1天文单位；月球距离地球0.0026天文单位；木星距离太阳5.2天文单位；冥王星距离太阳39.5天文单位；参宿四的平均直径为2.57天文单位。

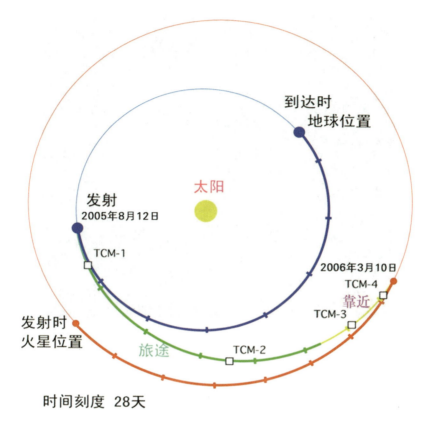

到达时
地球位置

太阳

发射
2005年8月12日

TCM-1

2006年3月10日
TCM-4
靠近
TCM-3

发射时
火星位置

旅途
TCM-2

时间刻度　28天

▲ 火星勘察轨道器轨道（TCM 指轨道校正）

▶ 进入、下落与着陆

轨道器靠近火星时，速度约 3 千米 / 秒，此时需将速度降低到大约 1 千米 / 秒才能被火星的引力捕获。减速发动机点火时间大约持续 25 分钟。轨道器在火星背面的飞行时间大约 30 分钟，这段时间操作人员只能耐心等待。

如果是着陆器，则直接进入火星大气层，经历"魔鬼 7 分钟"，实现进入、下落和着陆。

在最后的着陆阶段，目前主要有三种着陆方式：一是利用气囊的保护作用，当着陆器撞击到表面后，利用气囊的弹性，在地面产生多次弹跳，然后逐渐停下来。这种方式适合重量比较轻的火星车，如"机遇号"和"勇气号"。第二种方式不采用气囊，在着陆时主要靠缓冲腿降低着陆速度，这种方式使用的着陆器质量比前者大，如"凤凰号"着陆器。第三种方式是在距离火星表面 100 米

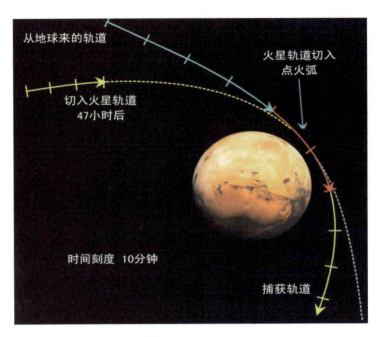

从地球来的轨道

火星轨道切入
点火弧

切入火星轨道
47小时后

时间刻度 10分钟

捕获轨道

▲ 减速切入火星轨道

与巡航器分离 时间：至进入：−7 分钟

进入转向开始 时间：至进入：−6.5 分钟

进入 高度：128 千米，速度 5900 米 / 秒

加热峰 每平方厘米 44.2 瓦，峰减速度 7.4g

降落伞展开 高度：12 千米，速度：415 米 / 秒，时间：+223 秒

抛射热屏蔽罩 高度：10.3 千米，速度：132 米 / 秒，时间：+238 秒

展开着陆腿 时间：+248 秒

雷达激活 高度：5.5 千米，时间：300 秒

雷达开始工作 高度：2.3 千米，时间：到触地：−61 秒

着陆器分离 高度：1.1 千米，速度：61 米 / 秒，
时间：到触地：−43 秒

重力转向开始 高度：0.9 千米，时间：到触地：−40 秒

恒定速度开始 高度：51 米，速度：7.8 米 / 秒，
时间：到触地：−16 秒

触地

▲ "洞察号"着陆火星的过程

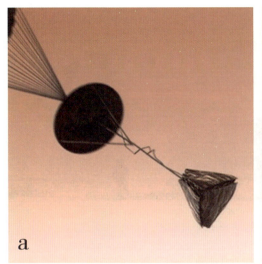

▲ 着陆的三种方式：a 气囊保护；b 利用缓冲腿；c 空中吊车悬停

左右时悬停，在确认着陆点安全后，再像空中吊车那样，把火星车落到表面。这种情况成本高，适合于要求着陆精度比较高的任务，如"好奇号"火星车。

如果是载人飞船着陆，上述三种方式都不能满足需要，目前提出的方案是大型着陆设备，也是靠反冲火箭减速。

尽管人类已经掌握了探测火星的关键技术，但面向未来仍有许多问题需要解决，如无人探测的取样返回问题、载人探测的着陆技术、表面的生命保障系统、新型航天服、从火星返回技术、大运载火箭技术等。

▲ 美国 Space X 公司提出的着陆火星方案

▲ 美国国家航空航天局提出的载人飞船着陆方式

木星附近存在难题

由于现在运载火箭的能力已经大大提升，因此，发射木星探测器一般只利用地球的引力助推作用，就可以直接飞往木星。例如，"朱诺号"木星探测器于2011年8月5日发射，2013年10月9日飞越地球，利用地球的引力助推作用，获得了7.3千米/秒的速度增量，然后就进入行星际飞行轨道，飞往木星。但早在"伽利略号"飞船发射时，两次飞越地球，一次飞越金星，目的是利用这两颗天体的引力，为"伽利略号"飞船加速。

从总体情况看，到木星的行星际轨道设计比较简单，但飞船到达木星附近后，一些难题还未解决。最主要的难题是木星有很强的辐射带，若是近处观测木星或木卫一、木卫二，飞船就进入强辐射带内；如避开辐射带，距离这两颗卫星就比较远，难以研究最关注的科学问题。目前的发射任务，如"朱诺号"探测器，只能通过不断变轨，在两者之间寻找平衡。

探测器到了木星后，为了完成预定的科学观测任务，轨道不断变化，以便观测到木星更广阔的区域。

北京时间2016年7月5日中午，在太空飞行了4年11个月的"朱诺号"成功进入木星轨道，这是自2003年"伽利略号"结束木星探测任务以后，13年来首颗绕木星工作的探测器。

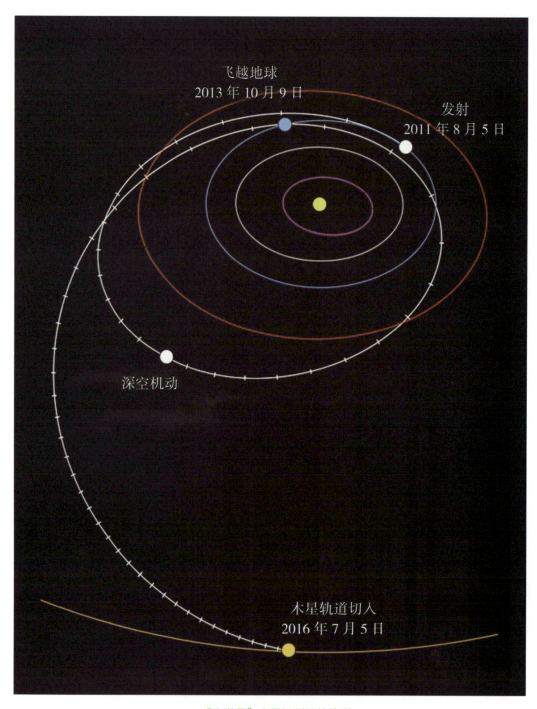

飞越地球
2013 年 10 月 9 日

发射
2011 年 8 月 5 日

深空机动

木星轨道切入
2016 年 7 月 5 日

▲ "朱诺号" 木星探测器的轨道

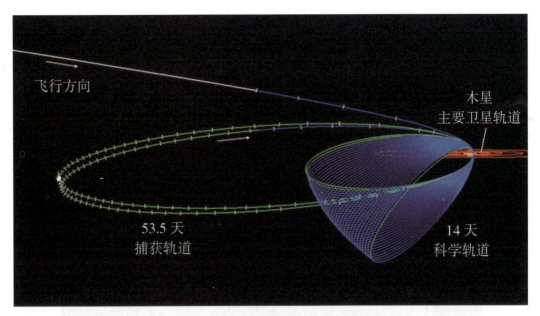

飞行方向

木星
主要卫星轨道

53.5 天
捕获轨道

14 天
科学轨道

▲ "朱诺号"到达木星后的轨道

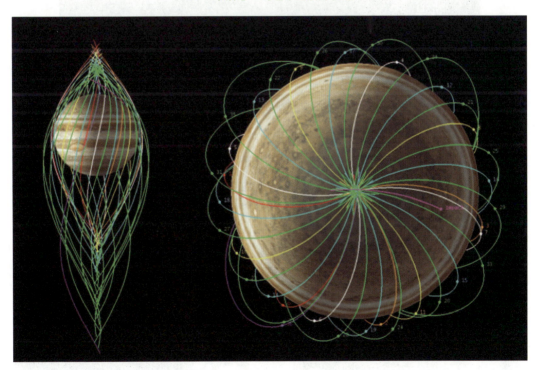

▲ "朱诺号"的科学轨道

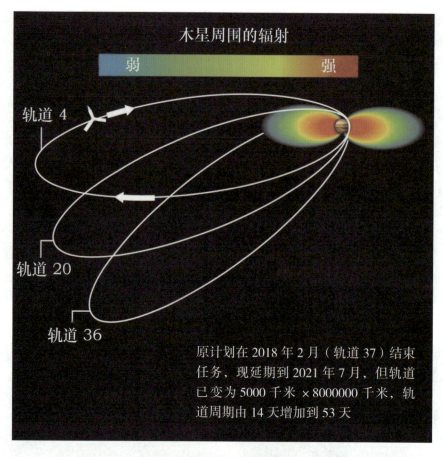

原计划在 2018 年 2 月（轨道 37）结束任务，现延期到 2021 年 7 月，但轨道已变为 5000 千米 × 8000000 千米，轨道周期由 14 天增加到 53 天

▲ "朱诺号"轨道的变化

▲ "朱诺号"探索木星

 土星之旅完美征途

　　"卡西尼 - 惠更斯号"（Cassini - Huygens）是前往土星的一艘无人探测器。它是 NASA-ESA 的旗舰级探测器。"卡西尼 - 惠更斯号"虽然是第四艘前往土星的空间探测器，但却是第一艘环绕土星的探测器，它于 2004 年抵达后，就开始研究土星和它的许多卫星，已于 2017 年 9 月 15 日完成使命后坠毁于土星大气层。

　　自 2004 年切入土星轨道后，"卡西尼"探测器一直环绕土星飞行，但每个轨道都不完全相同，而是有目的地接近某颗卫星，以便近距离对其进行探测。主要探测的卫星是土卫六和土卫二，其他卫星有土卫九、土卫五、土卫七、土卫四、土卫三、土卫八、土卫十二、土卫四、土卫三十三和土卫一。

　　"卡西尼"围绕土星运行时的轨道是精心设计的，目的是按计划飞越重要的探测目标，特别是土卫六和土卫二。

　　"卡西尼"绕土星轨道飞行 13 年，最后的任务总数是：轨道 294 次，土卫六飞越 127 次；土卫二飞越 23 次；冰卫星飞越 15 次。冰卫星飞越包括三次近距离接触（土卫九、土卫十二和土卫十一）。

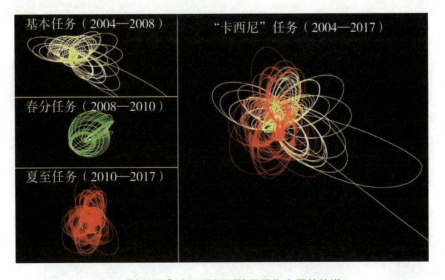

▲ "卡西尼"在不同探测阶段围绕土星的轨道

"卡西尼号" 探测器

飞向土星的历程

1999 年 8 月 18 日
飞越地球

1998 年 4 月 26 日
飞越金星

2004 年 7 月 1 日
切入土星轨道

2004 年 12 月 24 日
"卡西尼号" 释放
"惠更斯" 探测器

1997	1998	1999	2000	2001	2002	2003	2004	2005	2006

2000 年 12 月 30 日
飞越木星

1997 年 10 月 15 日
"卡西尼号" 从肯尼
迪航天中心发射升空

2004 年 12 月 13 日
飞越土星的卫星土卫六

1999 年 6 月 24 日
第二次飞越金星

2005 年 1 月 14 日
"惠更斯" 探测器进入土卫六大
气层，对土卫六大气层进行了直
接探测，最后降落到土卫六表面

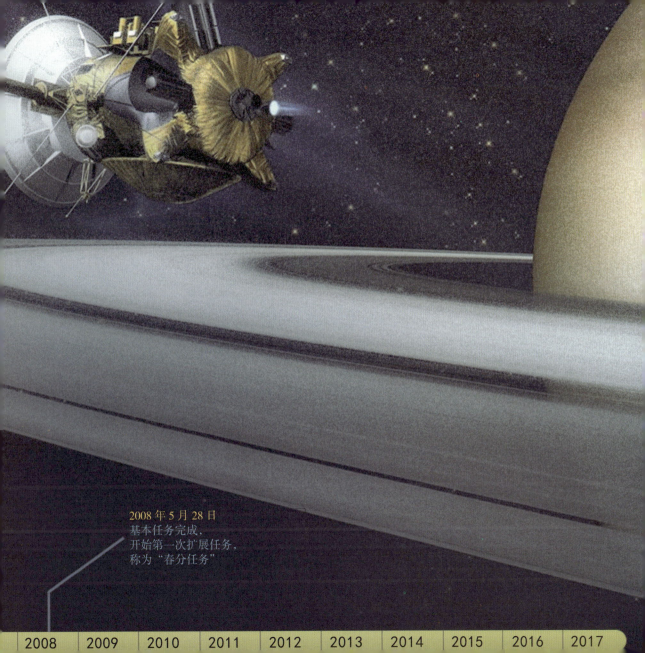

2008 年 5 月 28 日
基本任务完成，
开始第一次扩展任务，
称为"春分任务"

2008　2009　2010　2011　2012　2013　2014　2015　2016　2017

 # 开伯天体只能遥望

"新视野号"（New Horizons）探测器是美国国家航空航天局旨在探索冥王星和开伯带的无人行星际探测器，它是第一艘飞越和研究冥王星和它的卫星——卡戎、尼克斯和许德拉的空间探测器。美国国家航空航天局已经批准它飞越一个或两个开伯带天体。

经过几次发射延误后，"新视野号"于2006年1月19日在卡纳维拉尔角发射，直接进入地球和太阳逃逸轨道，在最后关闭发动机时相对于地球的速度是16.26千米/秒。因此，它是有史以来以最快的发射速度离开地球的人造物体。

经过与小行星132524 APL一个短暂的相遇后，"新视野号"飞往木星，在2007年2月28日使得其最接近木星的距离为2.3×10^6千米。木星飞越提供引力助推使"新视野号"的速度增加了4千米/秒。

2015年7月14日上午11时49分，"新视野号"接近冥王星12500千米，为旅程中最接近冥王星的位置，它成为第一艘探索冥王星的航天器。

在"新视野号"飞越冥王星后，在2019年1月1日探测了另一颗开伯带天体"天涯海角"，但也是飞越探测。

由于飞行遥远，探测器所携带的燃料有限，因此没有能力对开伯带天体进行环绕探测。未来实现环绕探测，人类需要发展更先进的推进技术。

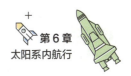

▲ "新视野号"探测器的轨道

近观太阳谈何容易

美国国家航空航天局的帕克太阳探测器任务将彻底改变我们对太阳的认识。帕克太阳探测器将提供有关太阳活动的新数据，并对我们预测影响地球生命的重大空间天气事件的能力做出关键贡献。为了揭开日冕的神秘面纱，也为了保护这个日益依赖科技的社会免受空间天气的威胁，美国国家航空航天局派帕克太阳探测器去接触太阳。该任务的主要科学目标是追踪能量的流动，了解太阳日冕的加热，并探索是什么加速了太阳风。

帕克太阳探测器有三个详细的科学目标：

1 | 追踪加热和加速太阳日冕和太阳风的能量流。

2 | 确定太阳风来源的等离子体和磁场的结构和动力学。

3 | 探索加速和传输高能粒子的机制。

确定目标容易，但实现目标难。因为要实现这些目标，必须把探测器发射到太阳附近。太阳表面的温度那么高，到太阳附近探测谈何容易。特别是在最靠近太阳表面的三个轨道上，帕克太阳探测器将飞到距离太阳"表面"9个太阳半径以内。9个太阳半径大约383万英里。在最接近的时候，帕克太阳探测器将以大约每小时43万英里的速度围绕太阳飞驰！在最接近太阳的时候，帕克太阳探测器的太阳盾正面的温度接近1400℃，而航天器的有效载荷将接近室温。这对探测器携带温度控制系统提出了非常苛刻的要求。

为了完成这些前所未有的任务，飞船和仪器将被一块11.43厘米的碳复合材料护罩保护，以抵御太阳的热量，该护罩需要承受飞船外部的温度。

探测器装有太阳能电池阵列，在环绕太阳内部的几圈中，当探测器飞向太阳或远离太阳时，太阳能电池阵列会收缩或伸展，以确保太阳能电池面板保持适当的温度和功率水平。在它最接近的时候，探测器必须经受住环绕地球运行时太阳强度大约475倍的考验。

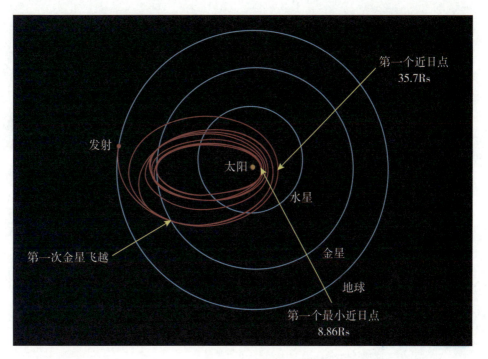

▲ 帕克太阳探测器的轨道

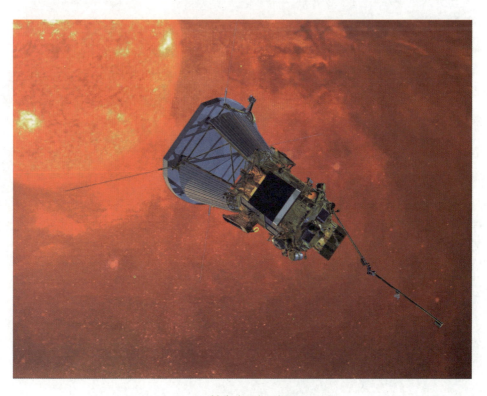

▲ 帕克太阳探测器

121

第 7 章

恒星际飞行

从太阳系出发，让我们展开想象，开启恒星际飞行。这时，人类面临诸多问题，如距离、信号传输等。光速屏障能否打破？时空穿越能否实现？科幻作品中的虫洞是怎么回事？翘曲驱动真的可以实现超光速飞行吗？这些近似于疯狂的大胆想法实在让人无法平复激动的心情。本章最后还为大家介绍了科幻电影《星际穿越》中的物理知识，让大家在无穷的想象与严谨的科学之间体验恒星际飞行的魅力。

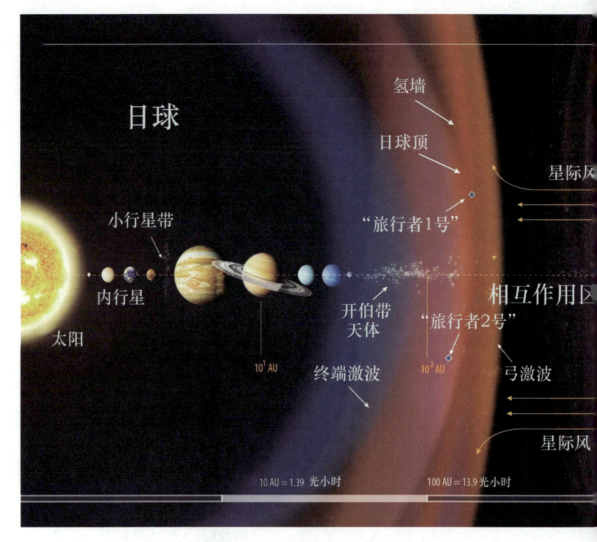

▲ 星际空间

 # 恒星际飞行的目标和困难

　　一提到星际航行，人们普遍感到这是很神秘的、难以实现的事情。到多远才属于恒星际？恒星际有哪些物质？人类去探测什么？这些问题恐怕还很少有人去思考。本书前几章介绍的内容，都属于太阳系内的天体，但如果要问，太阳系的边界在哪？这又是一个问题。

　　目前飞得最远的探测器是"旅行者1号"，现在已经距离地球145AU。由

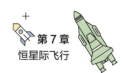
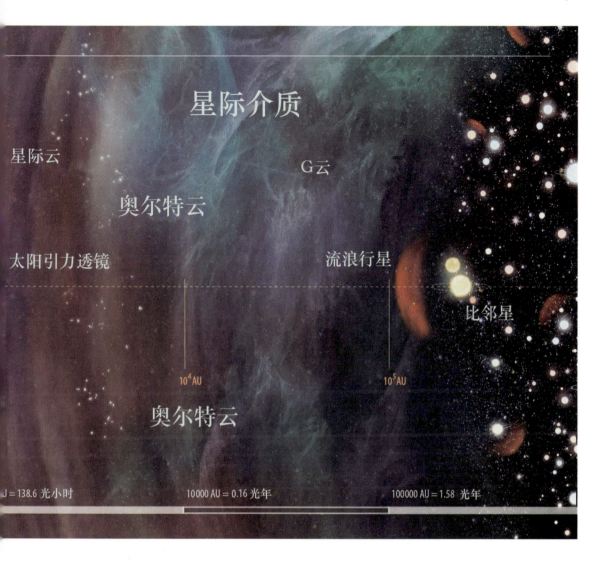

于距离遥远和仪器老化，已无法向地球发送数据，只能保持无线电联系。当它飞到日球顶附近时，也只能测量太阳风和行星际磁场的数据。

根据前面的分析我们可以预测，在人类进入太空时代 100 年之际（2057年），深空探测的能力在日球顶附近（150AU），但可以对开伯带天体进行环绕探测，可以发现更多的开伯带天体，能够对日球顶附近的磁场、粒子和激波进行更深入的探测，还可以观测星际磁场。对人类深空探测能力的限制因素主要不是运载火箭，而是深空通信。

从 2057 年到 2100 年，人类的探测能力可进入内奥尔特云，发现更多的奥尔特云天体，并对它们进行靠近观测。

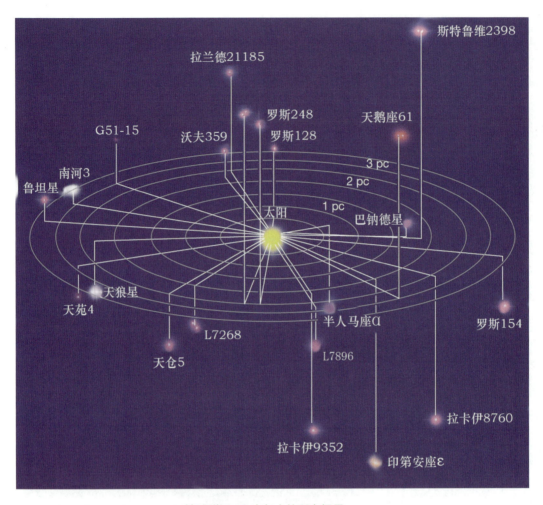

▲ 地球附近 12 光年内的所有恒星

对于内奥尔特云，平均距离地球大约 0.5 光年。目前最快的飞船速度不到 20 千米/秒，为方便计，采用 20 千米/秒。飞船飞到 0.5 光年处需要 5000 年。显然，在可以预见的未来是办不到的。

探测开伯带和内奥尔特云的内边缘，可以考虑使用核火箭和其他新型火箭。这类火箭原理上没什么问题，但在技术方面还要走很长的路。除了运载火箭之外，另一个难点是深空通信。飞到远处不是最终目的，目的还是要对天体和星际介质进行探测，并将探测结果传回地球。目前旅行者 1 号和旅行者 2 号还可以勉强与地面进行通信联系，再飞一定时间后，恐怕连通信联系都会中断。

目前，"旅行者 1 号"以每年 3.6 AU 的速度在黄道以北逃离太阳系，而"旅行者 2 号"的速度大约是每年 3.3 AU，在黄道以南。大约 4 万年后，"旅

行者 1 号"将到达距离恒星 Gliese 445 1.6 光年范围内。4 万年后，"旅行者
2 号"将在距离罗斯 248（另一颗接近太阳的恒星）1.7 光年的范围内，而在
29.6 万年后，它将在距离夜空中最亮的恒星——天狼星 4.6 光年的范围内经
过。虽然它们将接近其他恒星，但已无能力对这些恒星系统进行探测。

自从声速屏障被打破以来，人们已经把注意力转向如何打破光速屏障。目
前重点研究的问题是可穿越虫洞和翘曲驱动，但这两种方式或任何其他超光速
旅行仍然是一个梦想。《美国物理学杂志》（*American Journal of Physics*）前主
编、麻省理工学院高级研究科学家埃德温·F. 泰勒（Edwin F Taylor）在谈到
翘曲驱动时说，"我个人的观点是，这个想法目前是疯狂的""一百年后再跟我
核实一下"。

科幻小说作家给我们描绘了许多星际旅行的图像，但目前以光速航行为基
础的构想都是虚构的。

科学家目前对与超光速飞行有关的许多问题一直在进行深入的研究，下面
列举的一些问题，有的已经有明确的结论，有些还在继续进行研究。

1｜切伦科夫效应；

2｜第三方观察者；

3｜阴影和光点；

4｜刚体；

5｜相位，群和信号速度；

6｜超光速的星系；

7｜相对论的火箭；

8｜引力的大小；

9｜EPR 佯谬；

10｜虚拟光子；

11｜量子隧道效应；

12｜卡西米尔效应；

13｜宇宙膨胀；

14｜月亮绕着我的头转，相对速度比光还快；

15｜比光速快是什么意思；

16 │ 无限能量论证；

17 │ 量子场理论；

18 │ 祖父悖论；

19 │ 速子；

20 │ 虫洞；

21 │ 翘曲驱动。

通过对上述问题的研究和分析发现：第一，很难准确定义超光速旅行和超光速通信的真正含义。很多东西，比如影子，都可以变成超光速，但不能以一种有用的方式携带信息。第二，在广义相对论中存在超光速旅行的潜在方法，但它们可能无法工作。人们认为，在可预见的未来，工程师们建造带有超光速驱动器的太空飞船的可能性微乎其微。第三，科幻作家想要的那种超光速旅行几乎是不可能的。对于物理学家来说，有趣的问题是"为什么这是不可能的？我们能从中学到什么？"。

▲ 超光速飞行——星际飞行的梦想

虫洞

▶ 从萨根的科幻小说谈起

1985 年的一个学期末，加州理工大学的理论物理学教授基普·索恩刚刚上完一学年的课，正懒惰地靠在办公室的椅子上休息，电话铃却忽然响了起来。打来电话的是他的老朋友，著名行星天文学家卡尔·萨根。萨根当时正在撰写一部描写人类与外星生命首次接触的科幻小说。写作已经接近尾声，但身为科学家的萨根希望自己的科幻小说作品尽可能地不与已知的物理学理论相矛盾。在这部小说中，萨根安排女主人公艾丽通过黑洞穿越 26 光年的距离，到达遥远的织女星。这是整部小说中最具震撼性的情节，但是从物理学的角度来看，却也是最可疑的细节。于是萨根打电话给从事引力理论研究的索恩，为这一细节寻求技术咨询。经过一番思考和粗略的计算，索恩告诉萨根，黑洞是无法作为星际旅行的工具的，他建议萨根使用"虫洞"（wormhole）这个概念，于是便有了随后出版并被拍成电影的著名科幻小说——《接触》（*Contact*）。这是"虫洞"这个名词第一次进入科幻小说中。在那之后，各种科幻小说、电影及电视连续剧相继采用了这一名词，"虫洞"逐渐成为科幻故事中的标准术语。这是科幻小说家与物理学家的一次小小交流结出的果实。

萨根的小说顺利地出版了，索恩对虫洞的思考却没有因此而结束。三年后，索恩和他的学生麦克·莫里斯在《美国物理学杂志》（*American Journal of Physics*）上发表了题为《时空中的虫洞及其在星际旅行中的用途》的论文，由此开创了对所谓"可穿越虫洞"（traversable wormhole）进行研究的先河。作为教学性刊物的《美国物理学杂志》也因此有幸在一个全新研究领域的开创上留下了值得纪念的一笔。

莫里斯和索恩的文章在虫洞研究中具有奠基性的意义，不过虫洞这一名词却并非是他们两人的发明。早在 1957 年，C. W. 米斯纳（C W Misner）与J. A. 惠勒（J A Wheeler）就在一篇文章中提出了这一名词。那篇文章讨论的

▲ 《接触》（左图是小说封面，右图是电影海报）

主题是所谓的"几何动力学"（Geometrodynamics），一种试图把物理学几何化的理论。米斯纳和惠勒的"几何动力学"后来并没有走得很远，但他们在文章中提出的"虫洞"这一概念却在时隔31年之后得到了全新的发展，并成为以星际旅行为题材的科幻小说中的标准词汇，可谓是"有心栽花花不开，无心插柳柳成荫"。

▶ 什么是虫洞？

相对论和量子理论告诉我们，原始的宇宙诞生于虚无缥缈之中。在最初的时刻，宇宙处于一片混乱的"混沌"之中，宇宙就像一锅沸腾的稀粥，充满了时空泡沫。

在宇宙膨胀过程中，时空泡沫逐渐演化为大量的"宇宙泡"，宇宙泡之间往往有隧道相连，而且隧道可能不止一条，也有的隧道并不通向另外的宇宙泡，而只联通本泡的两个部分。连接不同或相同宇宙泡的这些时空隧道，就称为"虫洞"。

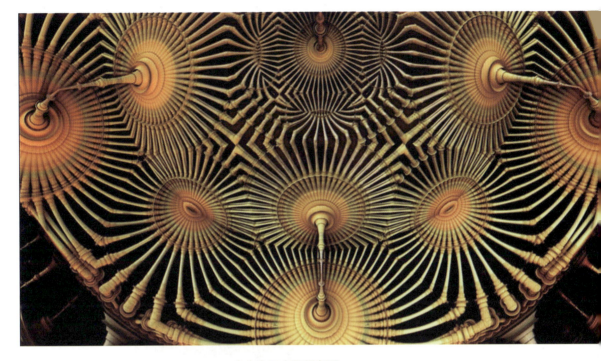

▲ 宇宙泡和虫洞想象图

这些宇宙泡迅速膨胀，每个宇宙泡形成一个宇宙，其中之一成了我们的宇宙。

虫洞是一个代表爱因斯坦场方程解的概念：它是一个非平凡的解，它将时空中的不同点连接起来。一个虫洞可以被想象成一个有两个端点的隧道，每一个都在时空的不同点上（如不同的地点和／或不同的时间点）。虫洞与广义相对论是一致的，但虫洞是否真的存在还有待观察。一个虫洞可以连接极长的距离，比如 10 亿光年或更远的距离。

我们现在观察到的膨胀的宇宙，只是大量宇宙泡形成的大量宇宙中的一个。我们有可能了解其他的宇宙吗？有可能到别的宇宙去旅行吗？科学家告诉我们，存在这样的可能。这是因为连接各宇宙的深空隧道（虫洞），不会由于宇宙膨胀而全部断掉和消失，有可能保留到今天。因此我们有可能通过虫洞前往其他的宇宙，也有可能通过虫洞接受来自其他宇宙的信息，接待来自其他宇宙的客人。

为简化起见，空间可以被可视化为二维（2D）表面。在这种情况下，一个虫洞会出现在这个表面的一个洞里，形成一个 3D 管（一个圆柱体的内表面），然后在二维表面的另一个位置重新出现，并有一个类似于入口的洞。一个实际

▲ 一个模拟的可穿越的虫洞，它连接了图宾根大学物理研究所前面的广场
和法国北部布洛涅滨海蒙特勒伊附近的沙丘

的虫洞与这个类似，但是空间维度增加了一个。例如，在二维平面上，不是圆形的孔，入口和出口点可视化为三维空间球体。

另一种想象虫洞的方法是拿一张纸，在纸的一边画出两个有点远的点。这张纸代表了一个在时空连续体中的平面，这两个点代表了一个距离，但是理论上，一个虫洞可以通过折叠这个平面来连接这两个点，所以这些点是接触的。通过这种方式，穿越这段距离要容易得多，因为这两个点现在已经触碰了。

研究表明有可能存在两类可通过的虫洞：一类是可长期通过的洛伦兹虫洞，另一类是可瞬时通过的欧几里得虫洞。

洛伦兹虫洞可以想象为日常生活中所说的隧道。飞船可以通过它飞往其他宇宙，也可以再飞回来。洛伦兹虫洞的两个开口也可能在同一个宇宙中。这样的宇宙，从 A 点运动到 B 点的飞船有两条路可走：一条是穿过虫洞到达 B 点，

▲ 开口在同一个宇宙中的虫洞

▲ 折叠的空间、时间

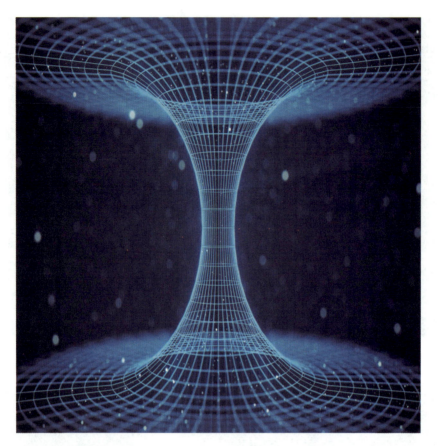

▲ 洛伦兹虫洞

另一条是不穿过虫洞到达 B 点。如果有一对双生子，各驾驶一艘飞船，其中一个穿过虫洞到达 B 点，另一个不穿过虫洞到达 B 点，他们两人经历的时间一般说来不会相同。当他们再次相会时，年龄也会有差别。现今的一些研究表明，可通过的洛伦兹虫洞经过适当制备后，可以变成时间机器或时光隧道，航天员通过它后，有可能回到自己的过去，见到最初出发的自己。

欧几里得虫洞是一种可瞬间通过的洞。经过这种虫洞前往其他宇宙的人不需要时间，他会在眨眼间从我们面前消失。他感觉自己眨眼间已处在另一个宇宙之中，其他宇宙的来客也是如此，会突然出现在我们眼前——真是"来无影，去无踪"。如果一个欧几里得虫洞并不通往其他宇宙，而是与本宇宙相通，如连通北京和纽约，那么一个经历此虫洞的人会在瞬间从北京的天安门广场消失，突然出现在纽约的摩天大楼之上，想想看，这将是多么有趣的事情。

更为有趣的是，这类虫洞还可能通向我们的过去和未来。一个通过此虫洞

的人在我们眼前消失之后，有可能突然出现在周武王伐纣的大军之中，或者突然出现在埃及建造金字塔的工地之上。历史学家一定盼望能有这样的机会，穿越虫洞去做访古旅行，许多考古工作会变得无比简单。

不过，这方面的研究工作才刚刚起步，至少我们现在还没有发现一个虫洞的入口或出口，我们更没有找到制造时间机器的可行方法。或许有一天，科学会告诉我们，根本不存在这样的机器或隧道，不存在通往过去和未来的虫洞。

▶ 能通过虫洞进行超光速旅行吗？

什么样的虫洞能成为可穿越虫洞呢？一个首要的条件就是它必须存在足够长的时间，因此可穿越虫洞首先必须是足够稳定的。一个虫洞怎样才可以稳定存在呢？索恩和莫里斯经过研究发现了一个不太妙的结果，那就是在虫洞中必须存在某种能量为负的奇特物质！为什么会有这样的结论呢？那是因为物质进入虫洞时是向内汇聚的，而离开虫洞时则是向外发散的，这种由汇聚变成发散

▲ 美国国家航空航天局设想的虫洞旅行

135

的过程意味着在虫洞的深处存在着某种排斥作用。由于普通物质的引力只能产生汇聚作用，只有负能量物质才能够产生这种排斥作用。因此，要想让虫洞成为星际旅行的通道，必须要有负能量的物质。索恩和莫里斯的这一结果是人们对可穿越虫洞进行研究的起点。

索恩和莫里斯的结果为什么不太妙呢？因为人们在宏观世界里从未观测到任何负能量的物质。事实上，在物理学中人们通常把真空的能量定为零。所谓真空就是一无所有，而负能量意味着比一无所有的真空具有"更少"的物质，这在经典物理学中是近乎自相矛盾的说法。

但是，许多经典物理学做不到的事情在 20 世纪初随着量子理论的发展却变成了可能。负能量的存在正是其中一个例子。在量子理论中，真空不再是一无所有，它具有极为复杂的结构，每时每刻都有大量的虚粒子对产生和湮灭。1948 年，荷兰物理学家卡什米尔（Hendrik Casimir）研究了真空中两个平行导体板之间的这种虚粒子态，结果发现它们比普通的真空具有更少的能量，这表明在这两个平行导体板之间出现了负的能量密度！在此基础上他发现在这样的一对平行导体板之间存在一种微弱的相互作用，他的这一发现被称为卡什米尔效应。将近半个世纪后的 1997 年，物理学家们在实验中证实了这种微弱的相互作用，从而间接地为负能量的存在提供了证据。除了卡什米尔效应外，20世纪七八十年代以来，物理学家在其他一些研究领域也先后发现了负能量的存在。

虽然数字看起来令人沮丧，但是别忘了当我们讨论虫洞的时候，我们是在讨论一个科幻的话题。既然是讨论科幻的话题，我们姑且把眼光放得更远些。即使我们自己没有能力建造虫洞，或许宇宙间还存在其他文明生物有能力建造虫洞，就像《星际之门》的故事那样。甚至，即使谁也没有能力建造虫洞，或许在浩瀚宇宙的某个角落里存在着天然的虫洞。因此让我们姑且假设在未来的某一天人类真的建造或者发现了一个半径为 1 千米的虫洞。

这样，我们是否就可以利用它来进行星际旅行了呢？

如果说负能量物质的存在给利用虫洞进行星际旅行带来了一丝希望，那么这些更具体的研究结果则给这种希望泼了一盆无情的冷水。因为一方面，迄今所知的所有产生负能量物质的效应都是量子效应，所产生的负能量物质即使用

微观尺度来衡量也是极其微小的；另一方面，维持任何宏观意义上的虫洞所需的负能量物质是一个天文数字。这两者之间的巨大鸿沟无疑给建造虫洞的前景蒙上了浓重的阴影。

　　研究表明，撑开一个半径 1 厘米的虫洞，需要相当于地球质量的异常物质；撑开一个半径 1 千米的虫洞，需要一个太阳质量的异常物质；撑开一个半径 1 光年的虫洞，则需要大于银河系发光物质质量 100 倍的异常物质。

　　由此看来，寻求异常物质，制造可作为星际航行通道的虫洞，希望实在渺茫。

　　另外，通过虫洞的航天员和飞船，会受到异常物质产生的巨大张力，这种张力有可能大到足以把原子扯碎的程度。研究表明，张力与虫洞半径的平方成反比。

　　当虫洞小于 1 光年时，异常物质产生的张力比原子被破坏的最大张力还要大，这样的虫洞肯定不能作为星际航行的通道。所以，作为星际航行通道的虫洞，其半径至少要大于 1 光年。前面已经谈过，这将需要大于银河系发光物质质量 100 倍的异常物质。

　　看来，是否存在可通过的洛伦兹虫洞，能否制造时间机器，在很大程度上取决于物理学是否容许异常物质的存在，而且是大量的异常物质的存在。这是一个尚未解决的问题。

　　最后，我们再欣赏两幅美丽的虫洞图片。

▲ 漂亮的虫洞

▲ 虫洞的艺术形式

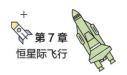

翘曲驱动

▶ 什么是翘曲驱动?

在我们引入翘曲驱动的概念之前,先看一个日常生活中的例子。一条小船在平坦的河流上航行,由于河流是平坦的(相当于曲率为零),所以小船并不会加速航行。但如果前方突然遇到一个向下的瀑布(瀑布的曲率被认为是无穷大),则小船会很快达到一个非常快的速度。由此引起人们的联想,如果在宇宙中飞行的太空船也遇到这样弯曲的空间,而且在整个飞行过程中,空间始终存在较大的曲率,太空船就会不断被加速。这就是翘曲驱动概念产生的根源。

实际上,宇宙的空间并不是平坦的,而存在着曲率(曲率为曲率半径的倒数,曲率越大表示弯曲程度越大),如果把宇宙的整体想象为一张大膜,这张膜的表面是弧形的,整张膜甚至可能是一个封闭的肥皂泡。虽然膜的局部看似平面,但空间曲率还是无处不在。一艘处于太空中的飞船,如果能够利用某种方式把它后面的一部分空间烫平,减小其曲率,那么飞船就会被前方曲率更大的空间拉过去,这就是翘曲驱动。

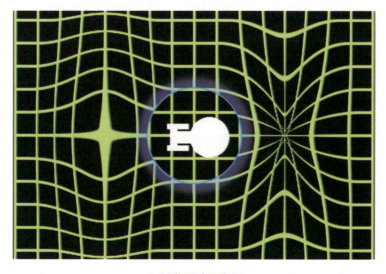

▲ 翘曲驱动示意图

▶ 翘曲驱动的两种形式

从理论上来说，翘曲驱动是广义相对论爱因斯坦场方程的解，它允许在广义相对论的框架内物体做超光速运动。目前有两种已知的解决方案：1994 年阿库别瑞（Alcubierre）发现的翘曲引擎和 2001 年纳塔里奥（Natario）发现的翘曲引擎。

墨西哥数学家阿库别瑞在 1994 年发表了一篇革命性的文章，这篇论文的题目是《翘曲驱动：广义相对论中的超光速旅行》。由阿库别瑞提出的翘曲驱动将通过扭曲时空来达到比光速还快的速度。该装置将产生一个负能量场，它会挤压或拉伸时空，形成一个气泡，泡沫会像冲浪运动员一样在波浪中行驶。正如大爆炸所证明的那样，时空可以膨胀得如此之快，以至于物体的移动速度比光速还要快。阿库别瑞设想，翘曲驱动器是时空的一个气泡，宇宙飞船在这个气泡的内部局部时空参考系感觉不到重力和加速度，否则会被破坏，飞船的速度比光速要快，气泡的速度是相对于外部宇宙而言的。气泡后面的时空会膨胀，远离飞船离开点（地球）后时空会在气泡的前方收缩，在某种程度上类似于移动的人行道。在移动的人行道上，出发点被移动到远离用户的地方，而目标点正在靠近用户。

1 ┃ 垂直维度表示在阿库别瑞模型中，给定体积的时空膨胀或收缩的程度。红色表示膨胀。当时空在飞船后面膨胀时，它推动着飞船向前。

2 ┃ 在扭曲的气泡中，中性的时空会使飞船不受干扰。乘客将体验到重力平静的零重力环境。

3 ┃ 蓝色意味着时空的收缩。随着泡沫的推进，收缩平衡了时空的膨胀。

7 年后，另一篇关于翘曲驱动的论文发表了。2001 年，葡萄牙数学家纳塔里奥构想了一种不会扩张或收缩的翘曲驱动器。飞船仍然沉浸在一个扭曲的气泡中，这个气泡是由时空"流"产生的，这个"流"相对于飞船以比光速还快的速度运动，飞船相对于气泡内它的周围区域静止，没有感觉到重力也没有加速度。想象一下，一个养鱼缸漂浮在一条河流中，缸里面有条鱼……养鱼缸的壁就是翘曲气泡的墙壁……假设河水是"快速"流动的，养鱼缸正随河流运动……养鱼缸的壁不会膨胀或收缩……一个在河边的观察者会看到养鱼缸从他身边以任

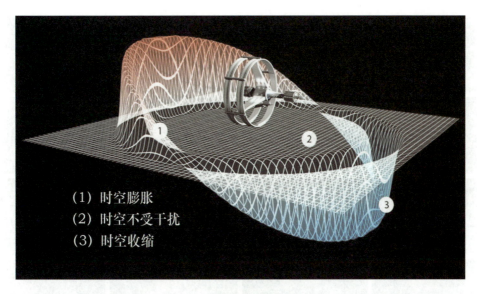

(1) 时空膨胀
(2) 时空不受干扰
(3) 时空收缩

▲ 阿库别瑞翘曲驱动

▲ 纳塔里奥翘曲引擎

意大的速度通过，但在鱼缸内，鱼会免受重力或束流产生的加速度的影响……因为鱼相对于它的局部时空坐标系统处于静止状态。纳塔里奥在 2001 年撰写了一篇名为《零膨胀的翘曲驱动》的革命性论文。纳塔里奥翘曲驱动是由时空"流"进行的，就像在快速流动的河水中的一条鱼那样。

翘曲驱动器确实是非常吸引人的，因为它允许星际空间以任意大的速度旅

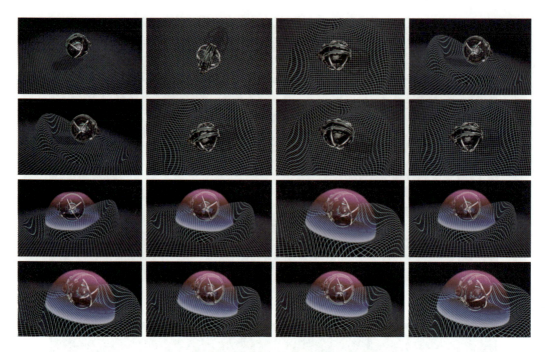

▲ 当速度增加时翘曲引擎周围空间的变化

行，避开光速爱因斯坦狭义相对论的极限、时间膨胀和质量增加悖论。

对于飞船来说，驱动器"扭曲"了空间，在一艘星际飞船的前面和后面，允许它以比光速还快的速度行驶。具体地说，时空是在飞船前收缩的，并在它后面展开。星际飞船本身位于两个时空之间的扭曲气泡中。这个扭曲的空间，连同里面的区域，以"超光速"加速，然后这艘飞船本质上是"超越"由这种扭曲产生的时空波。

翘曲驱动是飞船背后的主要推进力，推动它们的速度比光速还快。这一驱动力通过产生扭曲的场来形成一个子空间气泡，包围了星际飞船，在飞船周围扭曲了局部时空连续体，并以超光速的速度移动了星际飞船。

在这种情况下，超过光速的速度是可能的，因为从严格意义上来说，星际飞船是静止的（相对于扭曲的气泡内部的空间），而时空本身在移动。因为时空本身在运动，而星际飞船实际上并没有加速，它没有时间膨胀，使得飞船内部的时间和在扭曲的气泡之外的时间是一样的。

▲ 根据德国研究人员的一项模拟，如果一艘装有曲速传动装置的飞船从静止的观察者身边疾驰而过，他或她就会看到这种传动装置对空间的影响，在接近（顶部）时受到挤压，在经过（中部）时发生变形，在离开（底部）时发生膨胀。

▶ 翘曲驱动能实现吗？

从目前的情况来看，包括翘曲驱动的研究者都认为，翘曲驱动的理论还是猜想，还有许多无法自圆其说的问题没有解决。至于翘曲驱动技术，还停留在科幻影片中，因为几个关键问题在可以预见的未来是无法解决的。这里列出四个问题：

1 | 产生翘曲气泡需要大量负能量。产生翘曲需要的负能量，是一种神秘的物质形式，它会排斥而不是吸引物质。虽然预测到它的存在，但从未在实验室中测量过，而且已知的制造方法极其有限。

2 | 在实际的星际飞行中，飞船可能与危险物体（小行星或彗星）碰撞。

3 | 视界狭窄：翘曲气泡不能由气泡里面的航天员控制。

4 | 翘曲泡沫最初是如何产生的？

但也有一些科学家认为，爱因斯坦的理论确实为空间的弯曲和扭曲留下了空间。这意味着翘曲驱动在物理上也是可行的，希望还是有的。

最后让我们一起欣赏翘曲驱动飞船的各种设计。

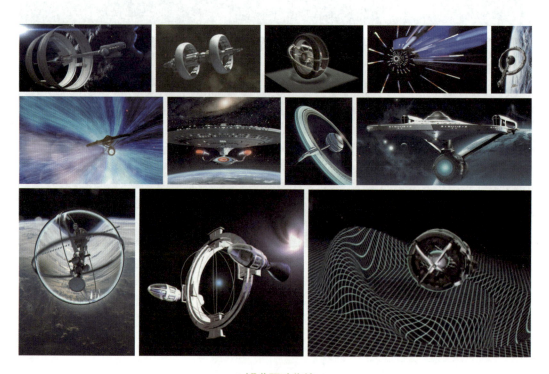

▲ 翘曲驱动集锦

《星际穿越》中的物理学

电影《星际穿越》虽然是一部科幻影片，但在处理科学问题上是非常严谨的。为了让影片的科学性更准确，科学顾问索恩在影片拍摄前就定下了两条硬性规定：（1）影片中的情节不能违背已成定论的物理定律，也不能违背已牢固确立的我们对宇宙的认识。（2）对尚不明确的物理定律和对宇宙的猜想要源于真正的科学。对于电影中的很多场景设计，索恩会先通过方程初步模拟出效果，然后再发给特效团队打造高品质的图像和视频。

在索恩亲自撰写的介绍《星际穿越》科学问题的书中，他明确指出，每当他们讨论到电影中的科学问题时，他都会说明这个问题的状态：（1）讲的是科学事实；（2）有根据的推测；（3）猜测。由此可看出索恩对科学的严谨。

本节介绍电影《星际穿越》中遇到的一些物理学问题。

▶ 黑洞

太阳和地球大约有 45 亿年的历史，这约为宇宙年龄的 1/3。再过大约 65 亿年，太阳将会燃尽它内部的核燃料。然后，它将燃烧内核表层的燃料，它的外层面将开始膨胀，其间会把地球烤干并吞噬进去。当这部分燃料也耗尽时，它便开始坍缩为一颗与地球大小差不多的白矮星，但是密度是地球密度的 20 万倍。白矮星会

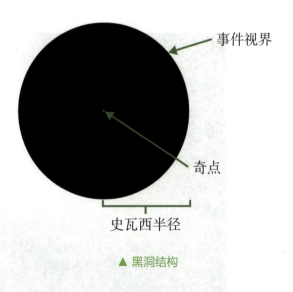

▲ 黑洞结构

逐渐冷却，再过几百亿年以后会变成一颗致密的、无光的死星。质量比太阳大很多的恒星燃烧得更快，之后可能会坍缩为一颗中子星或一个黑洞。

中子星的质量一般是太阳质量的 1~3 倍，密度达到了水密度的 100 万亿倍。黑洞的密度更大，以至于光子都不能逃离它们，由于这是类似热力学上完全不反射光线的黑体，故名黑洞。在黑洞的周围，是一个无法侦测的事件视界，标志着无法返回的临界点，而在黑洞中心有一个密度趋近于无限的奇点。要注意，黑洞不是洞，而是球形天体。

星系中心巨型黑洞的质量可以达到太阳质量的 100 万甚至 200 亿倍。因此，它们不可能是恒星死亡的产物。它们的形成过程有其他方式，也许源自许多小黑洞的聚合，也许源自巨大的气体云的坍缩。

由于黑洞的引力巨大，因此导致黑洞周围时间弯曲和空间弯曲。

事件视界又称为黑洞的视界，事件视界以外的观察者无法利用任何物理方法获得事件视界以内的任何事件的信息，或者受到事件视界以内事件的影响。事件视界是形成黑洞的根本原因，是黑洞的最外层边界，在此边界内连光都无法逃脱。

当前公认的理论认为，黑洞只有三个物理量可以测量到：质量、电荷、角动量。也就是说，对于一个黑洞，一旦这三个物理量确定下来了，这个黑洞的特性也就唯一地确定了，这称为黑洞的无毛定理，或称作黑洞的唯一性定理。在中国，把无毛定理称为三毛定理可能更受欢迎。

▲《星际穿越》中的带有吸积盘的卡冈都亚黑洞

黑洞具有潮汐力，越小的黑洞潮汐力越大，反之，越大的黑洞潮汐力越小。旋转的黑洞有内视界和外视界，并会有一个奇异环，一切越过视界的东西最终都会落向奇点，越大的黑洞从视界到奇点所花的时间越长。奇点是一个非常小的区域，在那里二维表面变成了一个点，所以空间才会产生"无限扭曲"。在奇点处，潮汐力无限强大，任何已知物体都会被拉伸或挤压到无法存在。

由于黑洞的引力巨大，因此对附近的天体和飞近的飞船会产生潮汐力。所谓潮汐力，是指一个天体对另一个天体前后两端的引力差。大的潮汐力可导致天体变形，甚至被撕裂。影片《星际穿越》中航天员乘坐的飞船曾在卡冈都亚黑洞附近的米勒行星上着陆，这颗行星距离卡冈都亚黑洞比较近，因此受到很大的潮汐力，产生滔天巨浪。

"永恒号"飞船拥有12个连接成圆环的舱体以及1个位

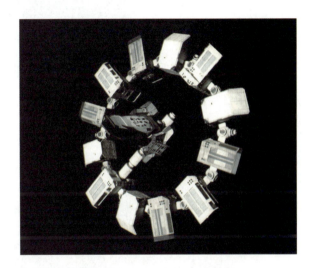

▲ "永恒号"飞船的设计考虑到了潮汐力效应

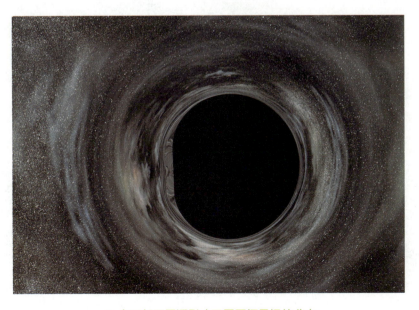

▲ 卡冈都亚黑洞影响了周围恒星场的分布

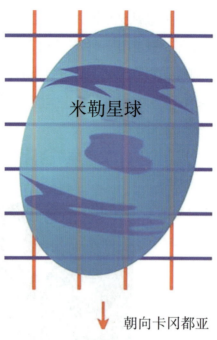

朝向卡冈都亚

▲ 米勒星球受到的潮汐力

▲ 米勒星球因潮汐力产生的巨浪

于圆环中心的控制舱。两艘"登陆号"和两艘"巡逻者号"停靠在"永恒号"的中央控制舱上。这样的设计能够在强大的潮汐力中幸存下来。

▶ "永恒号"穿越的虫洞

在电影《星际穿越》中，虫洞被认为是由高度发达的文明制造出来的，这个文明极有可能生活在超体中。因此，剧组人员在设计虫洞时，假设虫洞的创造者有足够的奇异物质来维持虫洞的联通，假设这些虫洞的创造者具有弯曲时间和空间的能力，并且无论是在虫洞内部还是在虫洞附近，都能实现剧组对时空弯曲的任何要求。

在此基础上，剧组确定虫洞的 3 个参数。

第一个参数是虫洞的半径，是创造这个虫洞的高级文明的工程师从超体里测量得到的。他们确定这个虫洞的半径为 1000 米。

第二个参数是虫洞的长度。

第三个参数决定了来自虫洞背后的光被虫洞的引力透镜效应影响的强度，虫洞的引力透镜现象的细节是由虫洞口处附近空间的形状决定的。为此选择了

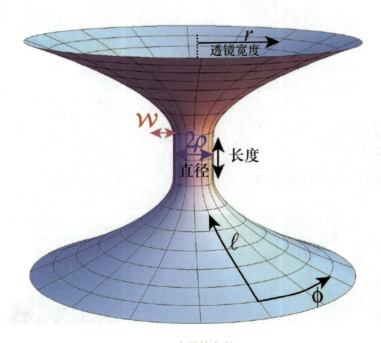

▲ 虫洞的参数

一个类似于无自旋黑洞视界以外空间的形状。这种选择只有一个可调参数，即产生引力透镜的区域宽度，这个参数称为透镜宽度。

《星际穿越》的视觉特效团队在虫洞的另一端加上了一个美丽的星系，这个星系里有漂亮的星云、尘埃带和恒星场。

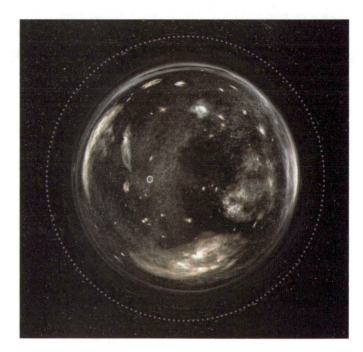

▲ "永恒号"准备要穿越的虫洞

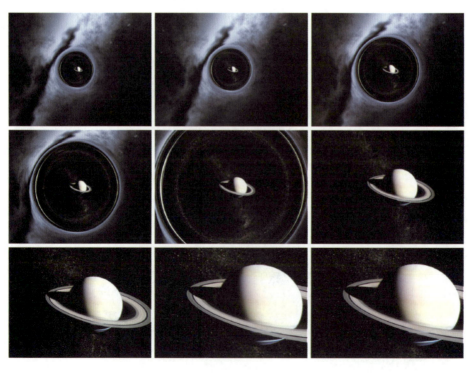

▲ 穿过虫洞

知识总结

写一写你的收获